MOTOR
LEGENDEN

FRITZ B. BUSCH

Motor
buch
Verlag

Einbandgestaltung: Sven Rauert

Die Bebilderung: Die Original-Texte waren kaum illustriert, Fritz B. Busch musste mit dem Platz auskommen, der ihm zur Verfügung gestellt wurde. Bei der Wiederentdeckung seiner Geschichten für eine neue Generation von Lesern haben wir uns entschieden, diese dann mit möglichst zeitgenössischem Bildmaterial zu illustrieren, denn jene Fahrzeuge, die »Bob« Busch damals beschrieb, gehörten damals – mehr oder weniger – zum Straßenbild. Über ein halbes Jahrhundert später ist das keine Selbstverständlichkeit mehr. Das mögen Puristen vielleicht als Stilbruch werten, erschien uns aber unerlässlich. Allerdings haben wir auf Bildunterschriften verzichtet – die Texte von Fritz B. Busch sprechen für sich selbst.

Alle Bilder stammen aus den Beständen der Hersteller, aus den Archiven von Anka Busch und Christian Steiger sowie von Hela Gewürzwerke Hermann Laue (S. 18/19), Motoring Picture Library / Alamy Stock Foto (S. 52/53), des Niederländischen Nationalarchivs Anefo und des Motorbuch Verlags.

ISBN: 978-3-613-04401-2

1. Auflage 2022

Sie finden uns im Internet unter
www.motorbuch-verlag.de

Lektorat: Bernd Keidel
Innengestaltung: Sven Rauert
Druck und Bindung: Graspo CZ, 763 02 Zlín
Printed in Czech Republic

VORWORT

Als mich die Bitte erreichte, für dieses Buch ein Vorwort zu schreiben, sagte ich natürlich sofort zu.

Da ahnte ich schon, dass es nicht ganz einfach sein würde, in wenigen Zeilen Wesentliches über einen Menschen auszusagen, dessen Leben ich als Tochter über 70 Jahre lang begleitet habe. Es gibt so Vieles zu erzählen, und es kommt darauf an, aus welcher Perspektive man die biografischen Eckdaten aufgreift und ausführt. Christian Steiger hat das auf vorzügliche Weise getan. Obwohl aus dem Blickwinkel eines Autofans und Motorjournalisten erzählt, hat er auch den Menschen Fritz B. Busch gesehen und zutreffend geschildert.

Für mich waren die Grenzen manchmal schwer zu ziehen. Für die Öffentlichkeit war Busch der Autopoet, Autopapst, eine Ikone für die einen, aber für mich war er zuallererst der Vater. Der liebevolle, witzige, bewunderte, fordernde und fördernde Vater. Er steckte immer voller Ideen und Plänen, und an unserem Esstisch aus heller Eiche saßen wir, in Diskussionen verstrickt, oft noch lange über die reine Mahlzeit hinaus. Der Tisch dient mir übrigens seit etwa 60 Jahren als Schreibtisch, und nie würde ich ihn hergeben, auch wenn er eigentlich nicht zur übrigen Einrichtung passt.

Rhetorisch war Fritz B. Busch, damals auch noch B. Busch, der anfangs als altmodisch verschmähte »Fritz« kam erst später dazu, nicht zu schlagen. Als er anfing, über das Schreiben hinaus im Fernsehen in Erscheinung zu treten, da musste er nicht vom Blatt ablesen. Er wusste, was er sagen wollte, und worauf es ihm ankam. Als er in den 60ern und 70ern die IAA in Frankfurt moderierte, gab er seine Meinung zu den automobilen Neuerscheinungen klar und fundiert von sich. Er diskutierte mit den Bossen der Autoindustrie und nahm auch dort kein Blatt vor den Mund, selbst wenn seiner Redaktion deshalb mit Anzeigenstopp bedroht wurde. Sie ließen ihn gewähren, denn am Ende hatte er mit seiner Kritik meistens Recht. Er war unbestechlich und als Visionär seiner Zeit um einiges voraus, und die Autobosse wussten seine Meinung am Ende sehr wohl zu schätzen.

Im privaten Bereich war sein Urteil auch für mich maßgebend, und das fiel nicht immer in meinem Sinne aus. Er verstand es jeweils, einen von mir vorgestellten schüchternen Jüngling mit Absichten so dermaßen an die Wand zu reden, dass der Arme am Ende nur noch die Flucht ergreifen und seine Absichten fallen lassen konnte. Als dann später so ein Gespräch durchaus wohlwollend ausfiel, vielleicht auch, weil der Kandidat sich intensiv für Autos interessierte und die Unterhaltung in diese Richtung lenkte, wunderte ich mich und griff zu. Es war die richtige Wahl.

Unzählige Leserbriefe habe ich in all den Jahren gelesen, in denen ich meinen Vater beruflich unterstützte, als seine enormen Energien nachließen.

Sie waren des Lobes voll. Es schien, als ob er nicht nur mich gefördert, sondern auch seinen Lesern Antrieb und Halt gegeben hatte.
Zum Beispiel schrieb ein Herr Z. kurz nach der Wende aus den neuen Bundesländern: »Ich möchte Ihnen auch gern begreiflich machen, dass Sie bei all Ihren Erfolgen im Westen auch uns im Osten so viel Freude und Hoffnung beschert haben. Jedes Mal, wenn man eine West-Autozeitung mit einem Artikel von Ihnen erwischt hat, war es wie Weihnachten.«
»Ich lenke also bin ich« war einer seiner unzähligen Aussprüche, die die Leserschaft zum Lachen oder zum Nachdenken anregten. Einige Sprüche werden von gestandenen Busch Fans auch heute noch fehlerfrei zitiert. Zwei Beispiele stammen aus dem Testbericht über den Jaguar E Type. »Mit diesem Auto können Sie noch überholen, wenn Sie schon das Weiß im Auge des Gegners sehen«. Und: »Ich greife zu den Handschuhen, aus denen sich im Notfall ein mittlerer Ölwechsel herauswringen ließe«. Unendlich viele solcher originellen Formulierungen zauberten dem Leser mindestens ein Lächeln aufs Gesicht und revolutionierten die bislang übliche und recht freudlose Autoschreibe.
Wenn der Bericht über eine Testfahrt mit einem Cadillac Cabrio mit dem Satz beginnt »Wir kamen in Le Bourget herein, und Paris war ihm gleich zwei Nummern zu eng«, dann weiß man, dass da viel mehr kommen wird als nur die Aufzählung der technischen Daten.
Ich persönlich – zwar mit dem Thema Auto aufgewachsen, aber dennoch nicht zur Technikexpertin geworden – liebe seine literarischen Texte. Das ist so viel wunderbare Literatur, dass man ihn durchaus auch den »Tucholsky der Autoliteratur« genannt hat. Ein Reisebericht über eine Fahrt durch Irland zum Beispiel für die Motor Revue oder seine in einem Buch mit dem Titel »Der große Test – mit dem Auto von Alaska nach Feuerland« zusammengestellten Berichte über die 3-monatige Testfahrt von Alaska nach Feuerland sind auch für Nicht-Autofans reiner Lesegenuss.
Auch die Worte, die er zu seiner Beerdigung vorgetragen wünschte, hat er vorausschauend selbst verfasst. Sie entsprechen seinem heiteren Naturell.
»Es mögen alle, die meiner gedenken, anstelle von Tränen ein Lächeln mir schenken«.
Am 2. Mai 2022 jährte sich sein Geburtstag zum hundertsten Mal, am 5. August 2010 fand sein Leben ein friedliches Ende.
Ihnen, liebe Leserin und lieber Leser, danke ich dafür, dass Sie lesend dabei sind im Gedenken an Fritz B. Busch, den »Automobilschriftsteller«, wie er sich selbst nannte. Und wenn er auch Sie mit seinen Geschichten erfreut hat, dann schenken Sie ihm ein Lächeln.

Er würde es Ihnen mit einem Augenzwinkern danken.

Anka Busch, im Juli 2022

DICHTER UND LENKER

DAS JAHRHUNDERT DES FRITZ B. BUSCH

Deutschlands berühmtester Auto schreiber hinterlässt zwei Dutzend Autobücher, Hunderte von Autogeschichten und ein gut sortiertes Automuseum, aber eine Autobiografie schreibt er nicht. »Ach, Kinder, für sowas hab' ich doch gar keine Zeit«, pflegt Fritz B. Busch zu sagen, wenn ihn Freunde, Fans und Kollegen danach fragen. Dass er selbst darüber nachdenkt, verschweigt er bei den Gesprächen im Biergarten des Hotels Post in Wolfegg oder auf der Terrasse seines ranchartigen Birkenhofs im nahen Vogt. Irgendwann in den Neunzigern setzt er sich zwar hin und beginnt einen »Buch-Entwurf Autobiografie«, doch er legt ihn schon nach zweieinhalb Maschinenseiten wieder beiseite. Busch hat Besseres zu tun, noch mit 75 erweitert er sein Museum und schenkt sich zum Geburtstag keinen Mercedes SLK, der es ursprünglich hätte werden sollen, sondern ein neues Wohnmobil. Bis weit über den 80. Geburtstag scheibt er seine monatlichen Kolumnen für Motor Klassik. Nur auf den Jahresrückblick für auto motor und sport verzichtet er, weil ihn das Übergewicht der modernen Autos ebenso verdrießlich stimmt wie die immer größer werdenden Motoren.

Die Leistung oder Größe eines Autos ist ihm nicht mehr wichtig. In den Sechzigern bringen ihn untermotorisierte Autos noch in Rage, aber da geht es um den Verkehrsfluss, nicht um das Bolzen auf der linken Spur. »Fahrfreude spüre ich immer dann, wenn ich ein Lenkrad in der Hand habe«, sagt Fritz B. Busch gerne und setzt sich beim Fototermin zu seinem 80. Geburtstag sogar auf den Rasentraktor, um das zu beweisen. Zum Brötchenholen nimmt er gerne den dunkelblauen Ford A Roadster von 1930, eines der Autos, die ihn an seine Kindheit erinnern. Sie parken nicht oft an den Straßenrändern der Kleinstadt Schmalkalden, wo er aufwächst. Manchmal aber steht eines vor dem Hotel »Zur goldnen Krone« am Altmarkt, das den Knaben magisch anzieht. Er sieht dort den ersten Chevrolet seines Lebens, einen Essex Super Six »und natürlich einen Ford«, wie er ihn 70 Jahre später selbst fahren wird.

DIE HEBAMME RIECHT NACH BENZIN, ER KANN ES BEWEISEN

Er ist Thüringer, geboren in Erfurt »am 2. Mai 1922 gegen 16 Uhr«, wie er für die Nachwelt festhält. Die Thüringer Allgemeine Zeitung veröffentlicht an diesem Tag die 42. Fortsetzung des Romans »Der Mann von der Straße« und berichtet über das »gemeingefährliche Treiben von Metalldieben«, die sich nachts auf den Straßen über die Telegraphenleitungen hermachen. Im Kleinanzeigenteil sind noch keine Automobile annonciert, sondern Militärschnürschuhe, »getragen,

Es gibt nicht viele Autos im Schmalkalden der dreißiger Jahre, der junge Bob sucht und findet sie vor dem Hotel »Zur goldnen Krone« am Altmarkt.

pro Paar 155 Mk« und ein »vierräd. Handwagen«. Im ganzen Reich gibt es keine 100.000 Personenwagen, doch als Kind glaubt er sich fest daran zu erinnern, dass die Hebamme nach Benzin roch. Er ist zwölf, als er herausfindet, dass sie tatsächlich mit dem Auto zur Entbindung fuhr, dem Wanderer Puppchen ihres Vaters. So schreibt er in einem unveröffentlichten Manuskript, dem er den Titel

Aus dem Familienalbum: Der elterliche Opel ist das Auto, mit dem Fritz B. Busch die schönsten Kindheitserinnerungen verbindet.

»Mein Parfüm hieß Benzin« gibt.

Es ist Hans Busch, sein Vater, »der es ermöglichte, dass ich von Kindesbeinen an mit dem Auto vertraut wurde«. Dass der Papa »automobilbesessen« gewesen sei, hält Fritz B. Busch später fast wortgleich in vielen seiner Geschichten fest. Als Bankangestellter ist der Senior nicht reich, kann sich aber schon 1924 ein DKW-Motorrad leisten, auf dessen Tank er den kleinen Fritz spazieren fährt. Zwei Jahre später kauft er einen Opel 4/16 PS für immerhin 4000 Reichsmark. Und im Frühjahr 1929, kurz vor der Wirtschaftskrise, steigt er in den grünen Opel 4/20 PS, an dessen Geruch nach fabrikfrischem Lack und Leder sich der Sohn ein Leben lang erinnert.

Lange fährt die Familie ihren Neuwagen nicht, der Schwarze Freitag macht ihr kleines Vermögen wertlos. Doch bevor die Buschs über Nacht verarmen, sind sie viel unterwegs im offenen Opel. Den Auspufftopf und die Kotflügel hat Hans Busch demontiert, um seinen Kleinwagen mit dem schmächtigen Ein-Liter-Motörchen so schnell aussehen zu lassen wie den Bugatti des Rennfahrers Huldreich Heusser aus Niederschmalkalden, den der Senior persönlich kennt. Seinem Sohn erzählt er beim Einschlafen keine Märchen, sondern Heldengeschichten des schnellen Opel, der auf der Landstraße sogar einen Simson Supra abhängt. Auch daran, dass sein Vater beim Fahren gerne Schlager und

Opernmelodien singt, erinnert sich Fritz B. Busch später oft. Und an den Grundschullehrer, der ihn manchmal schwänzen lässt, weil er sich mit seinem Vater die Liebe zu Autos teilt.

FÜR DIE ERSTE GESCHICHTE GIBT ES 8,50 MARK UND EINE OHRFEIGE

Auch in guten Zeiten reicht das Geld nicht für die Rechnungen der Werkstatt. Hans Busch schraubt selbst und ist genervt, wenn ihm der Sohn einen 12er statt des 14er Schlüssels reicht. Es setzt dann eine Ohrfeige, was auch der Erwachsene nicht weiter tragisch findet. »Damals wurden die Söhne noch verdroschen, während man heute einen Tiefenpsychologen zu Rate zieht«, schreibt Busch in den Sechzigern. Auch für die erste Geschichte, die der 15-jährige schreibt und für ein Honorar von 8,50 Reichsmark an eine Tageszeitung verkauft, setzt es eine Backpfeife. Der Sohn soll kein Schriftsteller werden, sondern einen gescheiten Beruf lernen.

Bis zum Schwarzen Freitag von 1929 scheint es eine glückliche Kindheit zu sein. Das Adressbuch der Stadt Schmalkalden verrät, dass die Familie in einem Fachwerkhaus am Weidenbrunner Tor lebt, mitten im historischen Zentrum der südthüringischen Kleinstadt. Hier erlebt der Sechsjährige den ersten handfesten Ehekrach seiner Eltern, als Hans Busch den Rennstall des tödlich verunglückten Huldreich Heusser kaufen will. Seine Frau droht ihn zu verlassen, genehmigt aber die Anschaffung des neuen 4/20-PS-Opel, damit ihr Mann Ruhe gibt. Und vor irgendeinem der alten, schmalen Häuser steht an einem Tag in den späten 1920ern das Stock-Motorrad, mit dem Fritz eine Amokfahrt hinlegt, nachdem ihn sein Schulfreund Benjamin erfolgreich angeschoben hat. »Ich war acht oder neun Jahre alt und wäre es auch geblieben, wenn nicht vor der nächsten Kurve der Keilriemen gerissen wäre«, erinnert sich der Schreiber ein paar Jahrzehnte später.

Zu den letzten Erinnerungen an Schmalkalden gehört der neue Röhr 8 für 8450 Reichsmark, den sich der Apotheker mitten im Elend der Wirtschaftskrise leisten kann. »Wahrscheinlich, weil sich die Leute alle mit Schlaftabletten eindeckten«, schreibt der Zeitzeuge über die Lebensmüdigkeit der Krisenjahre. Auch die Bank, in der Hans Busch arbeitet, ist betroffen, weshalb die Familie nach Erfurt zieht. »Die Stadt war größer und hatte richtige Automobilgeschäfte. Aber wir mussten zu Fuß gehen.«

Ein Leben lang wird Fritz B. Busch voller Faszination auf die Goldenen Zwanziger zurückschauen, während er die Dreißiger nur thematisiert, wenn es sein muss. Er äußert sich als Schreiber nur ausnahmsweise politisch, doch dass das Naziregime »die Zigeuner hinter Stacheldraht sesshaft macht«, gehört zu den Beobachtungen, die ihn schon als 16-jährigen verstören. Die Kindheit mit dem singenden Vater im offenen Opel ist jedenfalls vorbei, statt dessen besucht Fritz, den seine Freunde Bob oder Bobby nennen, auf Wunsch des Seniors die

Vater und Sohn Busch sind Fans des in Rennfahrers Huldreich Heusser, eines gebürtigen Schweizers, der damals in Kleinschmalkalden lebt. Er stirbt 1928 bei einem Rennunfall auf dem Buckower Dreieck

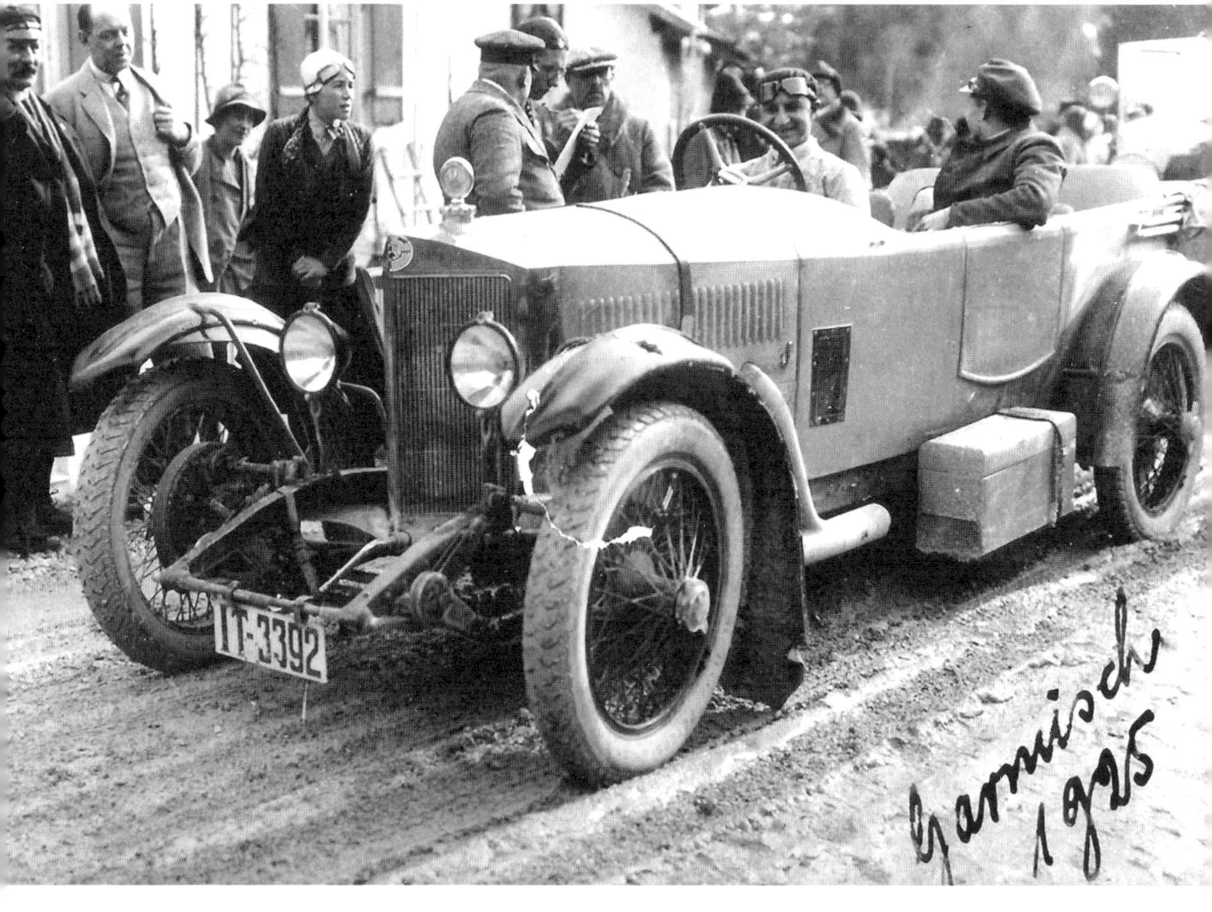

Handelsschule. Er lernt dort Maschinenschreiben und Englisch, »damit hatte ich alles, was ich brauchte«. Doch noch sind es keine Reportagen, die er danach tippt, sondern Protokolle und Aktennotizen, weil er ab 1937 eine Ausbildung zum Kriminalassistenten durchläuft.

EIN MORD UND DER BLICK FÜR SCHEINBAR NEBENSÄCHLICHES

Eigentlich will er Schriftsteller werden oder wenigstens Schriftleiter, wie Redakteure im Amtsdeutsch jener Jahre heißen. Der präzise Blick des Polizisten ist dafür eine gute Vorbereitung, doch das ist ihm noch nicht klar, als ihn der Ausbilder morgens zu den kleinsten Details seines Arbeitswegs ausfragt. Es wird auch sein feiner Instinkt für das nur scheinbar Nebensächliche sein, der seine Texte später über den Mainstream der Branche erhebt.

Aus dem Kriminalassistenten soll ein junger Kommissar werden, so sieht es die Beamtenlaufbahn vor, zumal es dem Nachwuchs-Ermittler gelingt, mit einer scharfsinnigen Schlussfolgerung einen Mörder zu überführen. Doch inzwischen ist es 1941, das Jahr des Russland-Feldzugs, und die Wehrmacht beginnt im Herbst mit der Einberufung des Jahrgangs 1922.

»Meine Kompanie stand abfahrbereit in Richtung Russland, aber ich wurde Kriegsberichterstatter, obwohl sie mich eigentlich zum Schießen und nicht zum Schreiben verwenden wollten. Ich bekam statt des Gewehrs eine Schreibmaschine, eine feldgraue Olympia, und vor allem einen Ford V8 mit Fahrer«, erinnert er sich später. Und seiner Tochter Anka erzählt er, wie er das ohne Ausbildung im Medienbereich schafft, denn die gehört eigentlich zu den Voraussetzungen für den Dienst in einer der Propagandakompanien. Bob dagegen beharrt beim Wehrbezirkskommando so lange darauf, ein versierter Schreiber zu sein, bis er an Ort und Stelle einen Probetext tippen darf. Das Manuskript bewahrt ihn vor der Front in Russland, stattdessen stößt er als jüngster Kriegsberichter zur Propagandakompanie im damaligen Jugoslawien. »In Russland wäre ich gestorben«, wird er später sagen. Tatsächlich profitiert der junge Soldat davon, dass die Wehrmacht 1941/42 ihre Propagandatruppen ausbaut und jedes junge Talent gebrauchen kann. Aus der Sichtweise eines 19-jährigen wird es eine Rolle spielen, dass ihn kein strenger Vater vom Schreiben abhalten kann, zudem genießen Kriegsberichter auch ohne militärischen Dienstgrad ein hohes Ansehen in der Bevölkerung. Die Propagandatruppen sind auch in der öffentlichen Wahrnehmung eine einzigartige militärische Organisation, kein anderes am Zweiten Weltkrieg beteiligte Land verfolgt die psychologische Kriegsführung mit ähnlichem Aufwand. Und kein Verleger der zivilen Welt lässt sich die Berichterstattung so viel kosten wie Hitlers Wehrmacht, die komplette Güterzüge mit Redaktionsräumen, Fotolabors und Druckereien ausstattet.

Nie mehr Staatsdienst nach dem Krieg ohne Front

Sammeln reicht ihm nicht, er muss mit seinen Klassikern auch reisen. Der Ford A gehört zu den ersten Oldtimern, die Fritz B. Busch in den späten Sechzigern kauft und als Urlaubsauto nutzt.

»Geschichten am Rande des Krieges« heißt eine Kolumne, die der junge Schreiber aus Thüringen regelmäßig an Berliner Tageszeitungen wie die« B.Z. am Mittag« liefert. Tatsächlich gibt es keine Front im Jugoslawien des Jahres 1941, doch die Kriegsberichter in Jugoslawien und Griechenland sind mit einem Partisanenkrieg konfrontiert, den ein Zeitzeuge als »Losbrechen jahrhundertealter Leidenschaften, Zusammenstoß polarer Weltanschauungen [...] ein Fechten wider alle Regeln der Kriegskunst« beschreibt. »Der Krieg ist ein furchtbares Feuer und es ist schwer, ihn mit allen Fasern mitzumachen und sich nicht nicht zu beschmutzen.« Es ist nicht der junge Fritz B. Busch, der das in sein Tagebuch schreibt, sondern der Volksschriftsteller Thaddäus Troll. Die Nachkriegs-Biografien der beiden Männer ähneln sich ebenso wie ihre Abscheu vor dem Krieg. Beide werden später als Bestseller-Autoren Millionen von Lesern erreichen, sich aber stets nur einsilbig über ihre Zeit als Kriegsberichter äußern.

Er habe im Krieg »fürchterlich gesoffen«, hält Fritz B. Busch in einem unveröffentlichten Manuskript aus den frühen 1950ern fest. »Die Zeitläufte sind unbarmherzig. Und mittendrin der Mensch als armer Wicht«, schreibt er viel später, »ein solcher war ich auch, an der Schwelle einer über jedes Maß bewegten Zeit, die zum Überrollen, ja zum Vernichten des Einzelnen taugte«. Wie viele Männer seiner Generation fühlt er sich 1945 »völlig entwurzelt« und ist »nicht gewillt, in den Staatsdienst zurückzukehren«.

DER FRIEDEN BEGINNT MIT EINEM ALTEN OPEL UND BRAZIN

Es sieht da draußen nicht gut aus für den jungen Mann, der keine Befehle mehr entgegennehmen will. Die Stationen seiner Nachkriegs-Odyssee schreibt Fritz B. Busch später häufig auf, ohne sich auf eine genaue Reihenfolge festzulegen. Er arbeitet als Chauffeur und auf dem Bau, als Revue-Regisseur beim Varieté, als Steilwandfahrer, der sich »Bob, der rasende Teufel« nennt und als Pressechef im Zirkus. Zwischendurch lernt er Liane kennen, es ist Liebe auf den ersten Blick, »ich sah sie und wusste, dass ich sie heirate«. Am 15. Februar 1947 ist es tatsächlich soweit, das Foto zeigt Bob als dürren Hungerhaken und Liane als blonde Traumfrau im geliehenen Pelz. Welches Ersatzgetränk in den kleinen Likörgläsern schwappt, die sie in den Händen halten, ist nicht überliefert. Auf der schneebedeckten Straße im Hintergrund stehen Kipploren, wie sie damals in den Städten zum Abtransport des Trümmerschutts da sind.

Eine Zeitlang lebt das junge Paar tatsächlich in einem Bauwagen, manchmal haben die Buschs nicht einmal eine feste Wohnadresse. Aber ein eigenes Auto besitzen sie schon im Jahr vor der Trauung, Bob kauft es 1946 für wertlos gewordene „10.000 Reichsmark, den Gegenwert von 20 Pfund Butter«. Es ist ein Opel 4/20 PS von 1929, das Auto seiner Kindheit, nur hat er sich nach dem Krieg in einen zweisitzigen Behelfslieferwagen mit nachträglich aufgebauter Pritsche verwandelt. Eine Zeitlang betreiben ihn die Buschs mit Brazin, einem Feuerzeug-Brennstoff aus kleinen Flaschen, die es für eine Reichsmark in einem Seifengeschäft zu kaufen gibt. Später entdecken sie eine Schwarzmarkt-Quelle, aus der unten so viele Liter Benzin fließen, wie man oben Zehnmarkscheine hineingibt. Weit kommen sie nicht, wie Fritz B. Busch später notiert, aber das ist in diesem Sommer 1946 nicht wichtig: »Wir sind durch die große, leere Stadt geschaukelt und haben verzückt dem Klang unseres Motors gelauscht. In dieser Stunde hatte für uns der Frieden begonnen«.

SCHOKOLADE IM KINO UND KARTOFFELMEHL IM GETRIEBE

Es dauert nicht lange, und ein Opel mit zwei Sitzen ist zu klein für Fritz, Liane und ihre kleine Tochter Anka. Sie ist ein halbes Jahr alt, als die junge Familie im Frühjahr 1948 in Hamburg strandet, weil der Arbeitsvertrag des Zirkus-Pressechefs am Tag der Währungsreform endet. Seine erste D-Mark verdient er damit, mit Plakafarben Werbesprüche auf das Schaufenster einer Hamburger Bäckerei zu malen. Kurz darauf arbeitet er als Motorradverkäufer und reitet auf einer Zündapp DB 200 durchs Hamburger Umland. »Ich fuhr bis in die Heide, nach Hittfeld, Maschen, Marxen, Buchholz. Bis man endlich eine Zündapp verkauft hatte, war so viel Arbeit, Zeit und Mühe angefallen, daß es heute ausreichen würde, zwei Porsche an den Mann zu bringen«, schreibt er später, in

Der Pelz ist geliehen, denn in Wirklichkeit ist das junge Paar bettelarm. Hochzeitsfoto vom 15. Februar 1947, im Hintergrund eine Kipplore zum Abtransport von Kriegsschut.

den 1980er Jahren. Für jede verkaufte Maschine gibt es 50 Mark Provision, aber tanken muss der Juniorverkäufer auf seine eigenen Kosten. Dass er damit keine Familie ernähren kann, erwähnt er nicht. Tochter Anka ist ein halbes Jahr alt, als sie zu ihren Großeltern nach Schmalkalden kommt. Erst drei Jahre später reicht der kleine Wohlstand für eine Rückkehr zu den Eltern in die frisch bezogene Dachgeschosswohnung in der Straße Ulmenliet in Bergedorf, dem ländlichsten Bezirk der Hansestadt.

Zu Ankas frühesten Erinnerungen gehören Bonbons, die es aus dem Dachfenster auf die Grünfläche vor dem Haus regnet. Bob und Liane Busch testen eine neue Geschäftsidee und stellen Naschtüten mit Bonbons und Schokolade zusammen, die Kinobesucher an der Kasse

Ich habe keine Illusionen mehr...

ich habe teilgenommen
an allen Hörerwettbewerben, an allen Kriegen, und an allen Schönheitskonkurrenzen,

ich habe ~~keinen Krieg und keinen Wettbewerb~~ nie gewonnen,
ich ziehe jetzt die Konsequenzen.

ich habe keine Illusionen mehr...

ich habe teilgenommen
an jeder Funklottrie und jedem Preisausschreiben
ich hab mich wegen Esther Williams freigeschwommen
~~und lass mich trotzdem treiben~~ und habe seit der Zeit ein Rheumaleiden

ich habe keine Illusionen mehr

ich machte gar nichts und wurde trotzdem nicht Minister
ich kam als Schütze auf die Welt
und habe später nie getroffen
nur fürchterlich gesoffen
und wurde trotzdem ~~nimmt~~ nicht in die Etappe abgestellt.

Ich habe keine Illusionen mehr

ich habe teilgenommen
an einem Wettbewerb für Nachwuchshumoristen
und andere Solisten
ich wurde nicht genommen
und Peter Frankenfeld hat sagte: "siehste"
und brachte später selber meine Witze
~~das ist mir nicht bekommen~~ wo soll er sie auch herbekommen?

ich habe keine Illusuionen mehr

ich habe teilgenommen
an einem Wohnungsbauprojekt
und ein paar Scheine reingesteckt
der Makler ist damit entkommen
ich wohne immer noch in Aftermiete
jetzt bin ich müde
ich habe keine Illusionen mehr.

ich bin dem Bund für Frieden beigetreten
weil viele Kriege mich verdrossen
ich bin dann aber wieder ausgeschieden
schon in der ersten Sitzung wurde scharf geschossen
ich war für Freieden

ich habe keine Illsuionen mehr.

Ich schwärmte dann für wohlgefüllte Blusen
und warb mit allem Mitteln um solch eine Maid
"Continental" stand nachher auf dem Busen
was für ne Zeit, was für ne Zeit?!

ich habe wirklich keine Illusionen mehr.

Fehlschläge pflastern die frühe Karriere des jungen Talents, das Wirtschaftswunder droht ohne Familie Busch stattzufinden. Den Frust verarbeitet Bob in Manuskripten wie diesem.

kaufen sollen. Das ist clever, weil die 174 Hamburger Kinos damals über 30 Millionen Karten im Jahr loswerden. Aber Geld ist damit nicht zu verdienen, vermutlich deshalb, weil die Kinobetreiber das Geschäft mit der Schokolade lieber selbst machen.

Es gibt vieles, was Fritz B. Busch ausprobiert in jenen Jahren, und wenn er scheitert oder sich zumindest so fühlt, dann tippt er Gedichte wie dieses:

»Ich habe keine Illusionen mehr.../Ich habe teilgenommen/an einem Wettbewerb für Nachwuchshumoristen/ und andere Solisten/ich wurde nicht genommen/und Peter Frankenfeld, der sagte: „Siehste"/und brachte später meine Witze/Wo soll er sie auch herbekommen?«

BOBBY SCHREIBT ÜBER DANIEL, ABER KEINER DRUCKT ES

Auch über Autos schreibt er schon, obwohl niemand seine Manuskripte druckt. Als »Bobby Busch, Hamburg 24, Bei der Hammer Kirche 8« hämmert er um 1949 die Schmunzelgeschichte von »Daniel« auf holzigbraunes Billigpapier, einem Vorkriegs-Roadster und seinen Eigentümern, in denen sich unschwer der Autor und seine Ehefrau erkennen lassen. Die Geschichte ist noch viel zu lang, aber der typische Busch-Sound zeichnet sich schon ab. Auch das Motiv des Startvorgangs unter reger Anteilnahme des Publikums ähnelt schon seinen Traumwagen-Geschichten aus den frühen Sechzigern. Doch die Adresse, die er auf dem Manuskriptbogen angibt, ist noch immer nicht die eigene, sondern nur der Firmensitz des Gebrauchtwagenhändlers, für den er als angestellter Verkäufer arbeitet.

Der Stadtteil Hamm liegt nicht im feinen Hamburg der weißen Villen, sondern im klinkerroten Hamburg der Mietskasernen. Und deshalb verkauft der glücklose Literat dort von 1949 bis 1951 keine propere Nachkriegs-Ware, sondern die geschminkten Autoleichen der Vorkriegszeit. »Da stand ein Mercedes 170 V, Baujahr 1938«, erinnert er sich viele Jahre später, »wir hatten ihn frisch lackiert und ihm neue Schonbezüge verpasst. Das schwarze Lenkrad hatten wir gegen ein weißes ausgetauscht, die Radkappen mittlings mit einem roten Punkt versehen, und die mürben, müden Pneus hatten wir schwarz angemalt. Allen Schmiermitteln hatten wir einen Zusatz von Kartoffelmehl beigemengt, der die Zahnräder und Lager kurzfristig zu beruhigen vermochte. Jedes dieser Autos musste man genau kennen, um es einmal „um den Block zu bringen", ohne dass es dabei gleich kaputt ging«.

Bis 1956 scheint das gutzugehen, erst dann verschwindet der Autohandel am Hammer Steindamm aus dem Hamburger Adressbuch. Fritz B. Busch taucht in den Verzeichnissen erst 1954 mit dem ersten Eintrag auf, da ist er schon Werbeleiter und wohnt mit seiner Familie im zweiten Stockwerk eines Gründerzeit-Mietshauses im besseren Stadtteil Eimsbüttel.

Vom Ulmenliet führt der wirtschaftliche

Aufstieg der Buschs 1951 aber zuerst in den ländlichen Stadtteil Neuengamme, wo die Familie eine Wohnung in einem Zweifamilienhaus mit Blick auf einen Nebenarm der Elbe mietet. Es ist nicht nur die idyllische Lage am Neuengammer Hausdeich 473, an die sich der Autofan noch Jahrzehnte später erinnern wird, sondern auch der nagelneue, 24 PS starke Goliath 700 Kombi des Milchhändlers in der Nachbarschaft, »denn um den habe ich ihn glühend beneidet«. Nur zwei Jahre später dann der Umzug in die Eichenstraße nach Eimsbüttel, wo die Buschs zwar noch in Untermiete bei einer alten Dame wohnen, aber doch ankommen in einer gutbürgerlichen Nachbarschaft aus Kaufleuten, Lehrern und Architekten.

„SCHREIBEN SIE KEINE LESERBRIEFE, SCHREIBEN SIE ARTIKEL“

Der junge Werbeleiter hat es geschafft, er gehört endlich dazu, auch wenn er sich im Hauptberuf noch ohne inneres Feuer für die Fleischmarinaden des Gewürzherstellers Hermann Laue und die

Pasteten des Wurstfabrikanten Paleske engagiert. Aber das Gehalt reicht auf dem Höhepunkt der Nachkriegs-Fresswelle nicht nur für eine gediegene Wohnlage, sondern auch für den Erwerb der Autos, die der fahraktive Familienvater mitunter schneller wechselt als seine Anzüge. »Ich wollte sie alle haben!«, sagt er später in einem Interview. Ein Tempo-Dreirad ist ganz am Anfang dabei, in Neuengamme stellt er die Wohnzimmersessel auf die Ladefläche und hat dann beim Eilenriede-Rennen in Hannover seinen eigenen Logenplatz dabei. Die BMW Isetta 250 kauft er als Neuwagen für 2580 Mark, packt die Zeltausrüstung ein und fährt mit Frau und zehnjähriger Tochter bis nach La Spezia in Italien. An die Renault Dauphine hängt er im Sommer 1959 einen Dethleffs-Klappcaravan und schreibt nach dem Urlaub die erste große Geschichte, die ihm auto motor und sport abkauft. Der sechszylindrige BMW 501 ist 1959 schon sein elfter Nachkriegs-Wagen und das erste Beispiel für die antizyklischen Schnäppchenkäufe, mit denen er später sein Museum füllen wird. Kein anderes Oberklasse-Auto

Er könnte auch ein junger Filmstar sein, in Wirklichkeit entsteht das Foto während seiner Zeit bei der Polizei

verliert seinen Wert so schnell wie der barocke Chefwagen, doch an den Unterhaltskosten hat die junge Familie zu kauen. Bob muss den Sechszylinder wieder loswerden, weil seine Liane ein Machtwort spricht. Dafür bekommt Tochter Anka endlich ihr eigenes Bett.

Es dauert nicht mehr lange und die ersten Testwagen der Industrie helfen dem aufstrebenden Schreiber über den Trennungsschmerz. Um 1958 drucken die ersten Tageszeitungen seine Manuskripte, zudem beginnt Busch, durchaus auch ein Profi der Eigenwerbung, die Redaktion von auto motor und sport mit Leserbriefen zu versorgen. Die sind nie lang, aber immer lustig, was den Jungredakteur Reinhard Seiffert freut, weil es Leben in die von ihm betreuten Leserbriefspalten bringt. Der talentierte Schreiber aus Hamburg bezieht sich nicht auf veröffentlichte Geschichten, sondern textet locker drauflos wie in Heft 16/58, wo er »Mein kleines Auto-ABC« unterbringt. »Dauphine: der Volkswagen, der 20 Jahre später gebaut wurde«, schreibt er. Oder, schon im klassischen Busch-Stil der späteren Jahre: »Isetta: das einzige Mädchen, das darunter leidet, vorne einen Ausschnitt zu haben«.

Es dauert nicht lange, bis Chefredakteur Hans-Ulrich Wieselmann ein Machtwort spricht: »Schreiben Sie keine Leserbriefe, schreiben Sie Artikel«, teilt er seinem Bonmot-Lieferanten mit. Und Busch legt los, als ob er nie etwas anderes getan hätte, auch wenn er seine Autotexte anfangs nach Feierabend schreibt.

»H. U. Wieselmann bringt seit einiger Zeit in jeder Nummer irgendwelchen Unsinn von mir«, schreibt er im Sommer 1959 an Arthur Westrup, den Pressechef von NSU in Neckarsulm, von dem er sich Aufträge erhofft. »Ich schreibe nicht, um davon zu leben, denn dann käme dieser Brief aus dem Jenseits«. Aber auch das wird sich schneller ändern, als der junge Star der Szene seinen Marinaden-Job kündigen kann.

Ganz am Anfang kuppelt auto motor und sport den Neuen als Mann für die Wohnwagen-Themen an. Doch schon 1959 schlendert Fritz B. Busch für das führende Fachblatt zum ersten von vielen Malen über die IAA in Frankfurt. Und 1960 hat er mit »Autos für Männer, die Pfeife rauchen« seine erste eigene Serie im Heft. »Ich war kaum auf dem Markt«, erinnert sich viele Jahre später, »aber schon aufgefallen«.

Man muss die Automagazine von damals kennen, um den Aufstieg des Autodidakten Fritz B. Busch zum Kometen der Branche verstehen zu können. Ein Autotest der Fünfziger ist eine ernste Sache, und genauso staatstragend lesen sich die Berichte auch. Wenn sich Werner Oswald oder Werner Buck in auto motor und sport mit dem neuen Modelljahrgang des VW Käfer befassen, dann kommt selbst die Innenbeschichtung des Aschenbechers nicht ohne Urteil weg, doch die 240-zeilige Abhandlung liest sich so sinnlich wie eine Steuererklärung. Beim Stern testet seit 1957 zwar schon der Schriftsteller Alexander Spoerl, doch der bleibt in seinen Urteilen oft so wolkig, dass er den Normalverbraucher ratlos zurücklässt. Dass Spoerl, der Sprachjongleur, den Fiat 1800 als ideales Fortbewegungsmittel für »Fleischimporteurswitwen« empfiehlt, gilt damals als Running Gag in Testerkreisen. Und dann taucht plötzlich dieser Werbeleiter aus Hamburg auf, der die Seele eines Autos mit ein paar hingeschmunzelten Sätzen sichtbar macht.

PFEIFENRAUCHER, CLOCHARDS UND DER MAIMORGEN AM LAGO MAGGIORE

Es muss ja nicht der E-Type sein mit seinem hölzernen Lenkradkranz, der sich »anfühlt wie ein Maimorgen am Lago Maggiore«. Auch ein stockbiederer Ford Taunus 12 M mit 38 PS wird zum Auto für Pfeifenraucher, wenn ihn Fritz B. Busch gefahren hat und dem Laien den Reiz des altmodischen, aber kultivierten Flathead-Motors näherbringt. Busch vergleicht den Ford mit der Imbissbude hinter dem Luxushotel, die von der Lust der feinen Leute auf Erbseneintopf lebt. Den Citroën 2 CV macht er zum »letzten Clochard«, der in Frankreich eben kein Penner ist, sondern ein Lebenskünstler. Und als BMW die kleine Isetta aus dem Programm streicht, trauert er um »die letzte Rikscha«, weil er den Verkehrsinfarkt der deutschen Städte kommen sieht. Schon seine Überschriften sind ein literarisches Versprechen, und jedes davon löst er im Lauftext ein. Es dauert keine zwei Jahre, und der Autoschreiber Fritz B. Busch ist ein Star.

»Man merkte es zumindest an den Honoraren«, pflegt er später in der Rückschau zu sagen. Seine kreative Heimat ist und bleibt auto motor und sport, doch den großen Durchbruch erlebt Busch, als ihn Henri Nannen im Sommer 1961 zum Stern holt.

Fortsetzung folgt in Band 2

CHRISTIAN STEIGER, Jahrgang 1968, wächst mit Fritz B. Buschs Geschichten in auto motor und sport auf und besucht als Zwölfjähriger zum ersten Mal sein Museum in Wolfegg. Als junger Redakteur der Zeitschrift Motor Klassik lernt er den großen Autoschreiber 1996 persönlich kennen. Christian Steiger lebt im Hamburger Bezirk Bergedorf. Sein Weg zur nahen Autobahn führt ihn manchmal mehrmals täglich am Neuengammer Hausdeich 473 vorbei, wo Fritz B. Busch in den frühen Fünfzigern lebte.

KAPITEL 1

NSU PRINZ

M-NP 495

REBELL MIT CHARAKTER: NSU PRINZ

Da sitzen wir nun hinter den cremefarbigen Lenkrädern und spüren nicht mehr, dass unter der Haube angesaugt, verdichtet, verbrannt und ausgepufft wird. Wir nehmen eine kleine Elfenbeinkugel in die Hand, die auf einem verchromten Stäbchen sitzt. Damit bewegen wir vollsynchronisierte Zahnräder, die irgendwo unter dem Haargarnteppich ineinandergreifen und von denen wir nur unser Geschimpfe hören, wenn das Stäbchen einmal hakt ...

Eines Tages stellen wir fest, dass wir einen Ölfleck am Ärmel haben, und wir nehmen dies zum Anlass, dem Werk einen gepfefferten Brief zu schreiben. Das Bemerkenswerte dabei ist, dass wir fest von unserer Männlichkeit überzeugt sind, trotz allen -matics um uns herum, die uns eines Tages noch das Binden der Krawatte abnehmen werden.

Was mich angeht, so erscheint mir manchmal im Traum ein alter Ford, ein zweisitziges A-Modell, mit dem ich damals über den Balkan stolperte, bis es eines Tages da, wo ich eine Brücke vermutet hatte, in eine unwegsame Schlucht fiel, wo man es wahrscheinlich heute noch besichtigen kann.

Die Räder dieses Autos waren direkt an unserem Hosenboden angeflanscht, der als ungefederte Masse mit ihnen auf- und niedersprang. Man konnte ein Stück Beef mürbe reiten oder Schafsmilch in einem Ziegenbalg zum Buttern bringen – und es roch rundherum intensiv nach Abenteuer (ein Geruch, der sich zusammensetzt aus Schweiß und Leder, schlechtem Benzin und einer Knoblauchzehe). So betrachtet, scheint die Blütezeit des Automobils als Gebrauchsgegenstand für Männer vorüber zu sein. In seinem derzeitigen Stadium ist es parfümiert, feminin und hat den Wesenszug einer Schlummerrolle.

Man könnte etwas gegen zu schöne Autos haben, zumal sie jenen Frauen gleichen, die nichts als schön sind und die gar nicht dazu kommen, nebenher noch ein bisschen Charakter zu entwickeln. Sie sind so langweilig, dass ihre Männer meist eine Schwäche für unsymmetrische Küchenmädchen haben.

Hier möchte ich nun endlich auf den Prinz zu sprechen kommen, jenes Automobil, von dem oberflächliche Leute nicht mehr wissen, als dass es eine missratene Heckpartie haben soll ...

Das ist ungefähr so, als ob man einen tüchtigen Abteilungsleiter hinauswirft, weil er abstehende Ohren hat. Da zum Charakter dieses Automobils vor allen Dingen seine PS gehören, befasste ich mich mit dem Prinz 30, das ist jener, von dem wir als alte Herren mit rauschenden Bärten noch schwärmen werden, wenn wir im Luftkissen-Gemeinschaftsbus zur Abholung unserer Kollektivrente

in die Stadt fahren. Diese kleine Temperamentbestie ist jedenfalls so voll Charakter, dass eines an ihr ganz bestimmt falsch ist – nämlich der Name. Dieser Prinz ist keiner! Weder benimmt er sich so, noch sieht er so aus. Wenn es solche Prinzen gegeben hätte, wäre es um die Monarchien besser bestellt gewesen.

Dieser ist ein Rebell im besten Sinne des Wortes, einer von den wenigen heutigen, die noch nicht verweichlicht sind und die an keiner Ecke eine blecherne Lüge versuchen. Hier ist die Rede von einem Auto für Männer, die Pfeife rauchen.

Sollten Sie Ihr Pfeifchen bereits in einem Sechs- oder Achtzylinder zu rauchen pflegen, so lesen Sie bitte weiter.

Ich schreibe diese Zeilen nicht unbedingt für diejenigen Leser, die sich demnächst zu motorisieren gedenken. Ich schreibe auch für die, welche im Begriff sind, sich mitsamt ihrem Automobil in die bereits erwähnte Schlummerrolle zu verwandeln. Ganz abgesehen davon, dass es unverantwortlich von Ihnen ist, sich jeden Morgen mit Ihrem Sechssitzer alleinfahrend in die überfüllte City zu begeben – Sie selbst verkümmern dabei zusehends und bekommen eine schlaffe Haut, Kreislauf- und Verdauungsbeschwerden.

Um bei der Monarchie zu bleiben – der Kaiser hackte damals Holz, und seine Hoflieferanten ritten frühmorgens ein Stündchen durch den Grunewald.

Und was tun Sie? Sie sollten sich ein zweckmäßiges Massagegerät zulegen, zum Beispiel einen Kleinwagen, der geeignet wäre, das morgendliche Pferd zu ersetzen. Zu einem solchen kommen wir heute sowieso nicht mehr, weil sich diese sperrigen Tiere nur schwer auf dem Balkon unserer Neubauwohnung aufbewahren lassen. Ein sportlicher

Kleinwagen an Pferdes statt wäre unbedingt zeitgemäß und könnte ein wahrer Jungbrunnen für Körper und Geist sein. Ich habe jedenfalls in 14 rebellischen Testtagen nach Aussagen meiner Frau einen strafferen Gang, festere Oberschenkelmuskeln und einen jungenhaften Gesichtsausdruck bekommen.

Außerdem sind die Mädchen, die aufmunternd in einen sportlichen Kleinwagen hineinblinkern, von ganz anderem Schlag als jene, die routiniert mit den angeklebten Wimpern klappern, wenn ein 220 S oder ein BMW V8 auf grünes Licht wartet. Ein paar enge Bluejeans und ein knapper Pullover üben zweifellos eine verjüngende Wirkung aus, das haben die Krankenkassen bisher viel zu wenig erkannt.

Lassen Sie mich nun aber endlich den Prinz besteigen. Als ich es vorm Werktor in Neckarsulm tat, dampfte er noch ein bisschen, denn ein Kollege war soeben damit von einem Querfeldeinritt durch Frankreich zurückgekehrt, und die Neckarsulmer hielten bereits verdiente Wochenendruhe. So gab ich denn kurzerhand dem harrenden Ross die Sporen, nicht willens, bis zum Montag auf seinen frischen Beschlag zu warten.

Dabei erschrak mein Gasfuß etwa so, als wäre er aus Versehen mit seiner nackten Zehe in eine Hochspannungsleitung geraten. Frenetisch brüllend fielen mir ein paar tausend Touren in den Rücken, als wäre soeben der Startschuss zum Indianapolis-Rennen gefallen. (Es stellte sich dann natürlich heraus, dass der linke Auspuffkrümmer einen Riss hatte, durch welchen die ungedämpften Phons entweichen konnten.)

Gleichzeitig erhob sich der Rebell auf der Hinterhand und stürmte davon, als gälte es, das heimatliche Neckartal vom Feinde zu säubern. Ein sagenhaft menschenfreundlicher Polizist (dessen gesamte Familie wahrscheinlich bei NSU arbeitet) gab mir geistesgegenwärtig im Stile Alfred Neubauers mit gespreizten Fingern ein Boxen-Zeichen, so dass ich auf meine ungewöhnliche Marschgeschwindigkeit aufmerksam wurde und dem Ross sogleich in die Zügel fiel.

Wenn man in diesem Auto sitzt, vergisst man zunächst einmal zweierlei: Erstens, was es nur kostet, und zweitens, dass es angeblich abstehende Ohren hat. Es bemächtigt sich einem die Illusion, in einem doppelt so teuren respektablen Sprinter zu sitzen.

Und das ist noch immer das zweitschönste Gefühl, das ich kenne. Das Bestechendste am Prinz 30 ist ohne Zweifel sein Motor, bei dem es sich um

eine kolben- und ventillose Turbine zu handeln scheint. Ich hatte ständig das Gefühl, dass noch etwa zweitausend Touren im Bodenbrett schlummerten, an die ich wegen der Gummimatte nicht herankam. Das heißt, eine obere Grenze scheint diesem Motor willkürlich gesetzt zu sein, denn man kommt sich mit durchgetretenem Gasfuß keineswegs wie einer vor, der im Begriff ist, jemandem den Hals umzudrehen.

So hat man denn auch dem Maschinchen gegegenüber keineswegs Gewissensbisse, wenn man einen Überholvorgang auf die Piste legt, der allgemeines Stirnrunzeln oder Zungenschnalzen (je nach Gesinnung und überholter Fahrzeugmarke – beides steht meist im ursächlichen Zusammenhang) hervorruft.

Besonders an langgezogenen Autobahnsteigungen zieht der Prinz 30 an ziemlich erstaunten oder gar verärgerten Herren vorbei, die man dann im darauffolgenden Gefälle mit 140 munter weggerodelten Sachen daran hindert, ihr seelisches Gleichgewicht wieder zu finden. Der Spaß ist perfekt.

Seit Urzeiten haben sich die Stammtischbrüder aller motorisierten Nationen einen unscheinbaren, harmlos dreinschauenden Wagen gewünscht, der es faustdick hinter den Ohren hat. Tausende von technisch unbedarften, aber benzinbesessenen Kegelbrüdern haben davon geträumt, in einen alten, klapprigen Opel einen Achtzylindermotor zu setzen, um mit wehenden Kotflügeln auf den Landstraßen Allotria mit ihren Zeitgenossen treiben zu können. Sie haben dabei stets

»ICH HATTE STÄNDIG DAS GEFÜHL, DASS NOCH ETWA ZWEITAUSEND TOUREN IM BODENBRETT SCHLUMMERTEN, AN DIE ICH WEGEN DER GUMMIMATTE NICHT HERANKAM.«

vergessen, dass ihnen das gesamte Auto bei 120 um die Ohren geflogen wäre, aber sie haben von diesem Spaß inbrünstig geträumt – und ich kann sie verstehen. Ähnliche Gefühle werden einem beim Prinz 30 zu einem Kleinwagenpreis geschenkt.

Ich glaube zu bemerken, dass mich der Herr mit der Hornbrille nicht ernst nimmt. Er zwingt mich, entgegen meinem Vorsatz, doch ein paar Zahlen unter diese Geschichte zu mischen. Etwa so, wie man eine nicht sehr überzeugende Speise mit ein bisschen Curry pikant machen kann. Nehmen wir also eine Prise: Die 30 ehrlichen PS des Prinz 30 haben 520 Kilo Wagengewicht zu bewegen. Ihre Frau Gemahlin, mein Herr, fährt einen Karmann-Ghia, und man ist

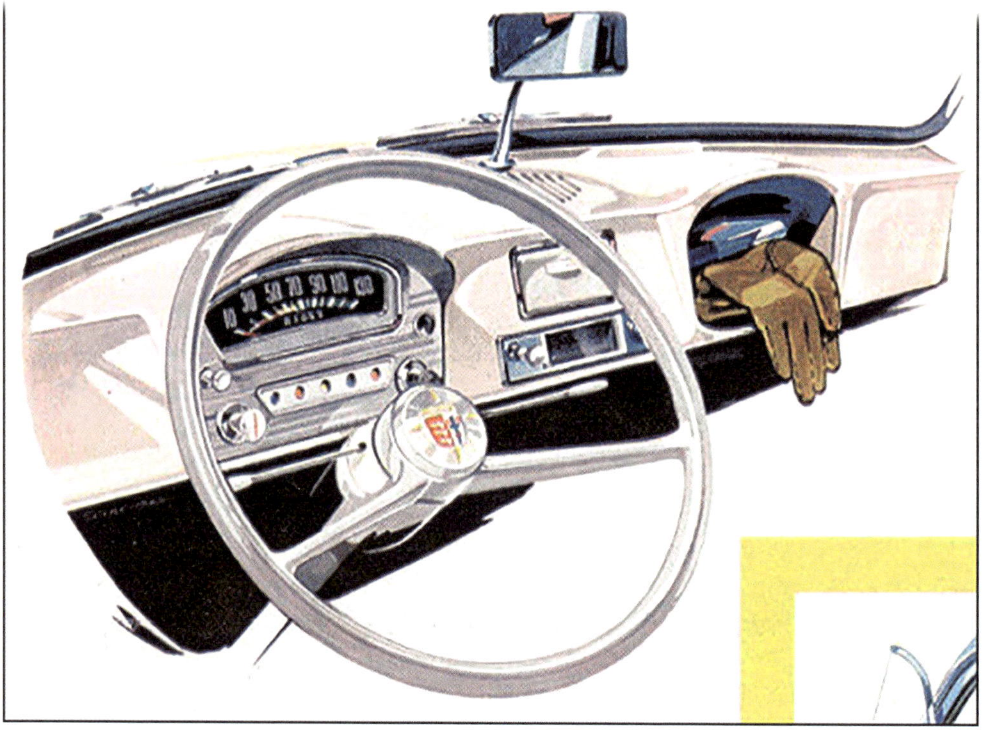

sich darüber einig, dass dies ein recht flotter Wagen ist. Dennoch hat er mit seinen ebenfalls 30 PS nicht nur 520, sondern 790 fahrbereite Kilos in Trab zu bringen. Merken Sie was? Ich will Bubi Scholz nicht mit Gina Lollobrigida vergleichen, das wäre albern, aber dass man mit dem Prinz 30 überaus flott leben kann, werden Sie mir nun wohl abnehmen. Dabei steht er mit seinen Fahrwerksqualitäten, also mit der Straßenlage schlechthin, anderen 30 PS-Wagen nicht nach. Ich möchte sogar hinzusetzen – im Gegenteil! und das Ausrufungszeichen ist kein Zufall.

Ich habe mit vielen Leuten über die kleine Temperamentbestie gesprochen und festgestellt, dass etliche vollkommen im Bilde waren, dass die Mehrzahl jedoch nicht die geringste Ahnung hatte. Man staunt immer wieder über die Tatsache, wie lange es dauert, bis sich ein wirklich gutes Auto herumspricht, zumal dann, wenn es sich äußerlich bescheiden gibt. Ich vermute mit der Schärfe eines bosnischen Schnapses, dass dies wiederum eine typisch deutsche Erscheinungsform ist. Die Franzosen, die Italiener und auch die Engländer wittern unter dem verformtesten Blechgebilde das wahre Talent. Sie sehen nach, wie ein Auto auf den Beinen steht, sie lauschen, was es unter der Haube sagt, und sie beobachten seine Art, um eine Ecke zu gehen. Das alles erfassen sie in weniger als einer Minute – und wissen Bescheid. Dieser sechste Sinn ist innerhalb unserer Landesgrenzen nur schwach entwickelt.

Das mag damit zusammenhängen, dass zwei Drittel unseres Lebensraumes aus Fußballfeldern und nur ein Tausendstel aus Automobilrennstrecken besteht (ich bitte höflich, die Zahlen nicht nachzuprüfen, sie fielen mir eben aus dem Ärmel).
Der Prinz ist natürlich ein bisschen laut. Nur Leute, die keine Ahnung haben, können von einem solchen Auto verlangen, dass es leise ist. Früher hat alles, was schnell war, gebrüllt, oder es war zu teuer. Schnell sein heißt auch heute, leicht sein, und leicht sein ist gleichbedeutend mit laut sein. Stille ist schwer und lässt sich fast immer in Kilos ausdrücken. Sie fängt bei der Wasserkühlung an, die schwerer ist als »Luft«, und hört beim eimerweise verarbeiteten Antidröhnkleister auf.
Der Prinz 30 ist aber auf jeden Fall gesund laut, er tut niemandem weh, und der sportliche Ton versöhnt vor allem den, der ihn mit seiner rechten Fußsohle selbst erzeugt. Natürlich kann man seinen Prinzen schon für etwa achtzehn Mark fünfzig und einen Sonntag Arbeit etwas leiser bekommen, wenn der Geräuschpegel die mitfahrende Dame schockiert und man grundsätzlich dagegen ist, Liebeserklärungen in der Lautstärke eines UvD-Weckrufes von sich zu geben.
Hier kommt einem aber die Geländegängigkeit des Prinz zugute, der kräftig und wendig genug ist, um zwei Personen, die es für notwendig erachten, gegebenenfalls auf eine einsame Waldlichtung zu befördern. Ein Autoradio war für die Benutzung des Prinz bei abgestelltem Motor im Testwagen eingebaut, und es ist reiner Zufall, dass mir an dieser Stelle die serienmäßigen Liegesitze einfallen. An Zubehör wird überhaupt eine Menge geboten. Es empfiehlt sich, hierüber einmal einen Prinz 30-Prospekt zu befragen (und wenn es andernorts auch

hundertmal üblich ist, abgeschriebene Automobil-Prospekte als Testbericht zu bezeichnen, ich bin dagegen ...). Dafür weiß ich, woran die meisten Automobilkäufer oder -Interessenten kranken. Sie wissen nicht, was sie wollen, oder sie wollen alles, in einem einzigen Wagen vereinigt. Das geht nun mal nicht.

Wenn man sich in der gehobenen Einkommensklasse einen MG oder einen 100-Six zulegt, dann hat man auch etwas völlig anderes, als wenn man sich fürs gleiche Geld einen Kapitän oder einen 220 kauft. Und bei den Mittleren oder Kleinen ist es nicht anders. Das Entscheidende wird immer sein, dass man sein Auto zu seinem Charakter passend wählt.

Ein Prinz 30 zum Beispiel ist etwas völlig anderes als ein Fiat 600, obwohl die beiden preislich auf einer Ebene liegen. Zahlenvergleiche nützen da schon gar nichts. Man muss unter dem Blech nach dem Wesen eines Automobils forschen und dieses mit seinem eigenen in eine Relation zu bringen suchen. Dann besteht die Hoffnung, dass man den richtigen Wagen kauft, nämlich den, mit dem man glücklich wird.

Wie habe ich mich über jenen Seitenwind gefreut, der zwischen Hamburg und Bremen hinter einem Brückenpfeiler hervorkam und wie ein zähnefletschender Hofhund über den Kleinen herfiel. Wer einmal Heckmotorwagen mit viel zu elastischer Lenkung gefahren ist, der weiß, was eine sportlich direkte und präzise Lenkung in allen Fällen bedeutet, in denen der Motor hinten sitzt.

Am Steuer des Prinz ficht man ein sportliches Duell mit dem Wind, das ist kein Segeln mit verbundenen Augen, das ist gezieltes Parieren jeder Böe, so dass man sägenderweise mit unverminderter Geschwindigkeit an bekannten Windjammern vorbeiziehen kann. Allein das halte ich für wichtiger als ein schöngeformtes Heck, denn so viel man über die Schönheit eines Automobils und seine innere Sicherheit spricht, so doppelt laut sollte man über sein Verhalten bei Seitenwind sprechen. Wenn ich nicht aus der Spur gepustet werde, dann kann ich mich auch nicht an einem falsch angebrachten Knopf erschlagen.

Wir haben jedoch sehr renommierte und in größten Stückzahlen gebaute Automobile diesseits und jenseits des Rheins, die sich bei Seitenwind mit gutem Gewissen nicht über achtzig fahren lassen. Und obwohl ich seit mehr als zehn Jahren in Hamburg wohne, möchte ich den herrlichen Segelsport doch nur auf dem Wasser ausgeübt sehen. Der sportliche Prinz 30 ist jedenfalls ein sehr straßenverbundenes Landfahrzeug, auch in extremen Fällen ist sein Fahrwerk »uhu«, das heißt, es klebt auch im Falle eines Falles. Und damit man in diesem sehr erdnahen und bodenhaftigen Gefährt auch etwas für seine Bandscheibe tun kann, ist der Sitz während der Fahrt in erfreulich weitem Bereich verstellbar, so dass man seinen Sitzorganen einige Abwechslung zu bieten vermag, wenn man durchaus von Flensburg nach Stuttgart oder von München nach Hamburg durchrodeln möchte.

Zu solchen Unternehmungen verleitet einen der Prinz 30 mehr als jeder andere Kleinwagen. In ihm steckt ein sportlicher Langstreckenehrgeiz, dessentwegen er nicht nur wettbewerbsfreudig, sondern auch erfolgsgewohnt wurde.

Da haben Sie nun also ein Auto mit einem sehr ausgeprägten Charakter, eines, das uns äußerlich nichts vormacht, weshalb wir es möglicherweise bisher übersehen haben.

Und da haben Sie nochmals meinen Tipp: Halten Sie bei der Wahl ihres künftigen Erst- oder Zweitwagens nicht nur Tabellen gegeneinander, sondern achten Sie darauf, ob er »Ihnen liegt«. Erforschen Sie zunächst einmal sich selbst und danach das Wesen des in die engere Wahl gezogenen Automobils. Denn Sie sollten jedes Auto, das Sie selbst fahren wollen, so wählen, wie einen Freund oder wie die Frau fürs Leben – es muss die richtige Kragenweite sein. Bevor ich zu dieser Erkenntnis gelangte, habe ich viele Autos gekauft, deren Zahlen mich überzeugten – und mit denen ich dann doch nicht glücklich werden konnte.

Der Prinz 30 ist der ideale Kamerad für richtige Männer, für sportlich denkende, kleine Familien, und er ist ein herrliches und nützliches Hobby für gepflegte Herren mit sechs und acht Zylindern. Und da diese den in ihrer Automobilzeitschrift erschienenen Prinz wahrscheinlich überblättert haben, weil sie glauben, aus dem Kleinwagenalter heraus zu sein, habe ich ihnen hier einmal das Auto vorgestellt, das viel schade zum Umblättern ist.

Lasst uns über Automobile reden, auch unser Bauch dick, unsere Haut schlaff unser Kreislauf vorübergehend gestört ist. Nein – gerade dann, denn irgendetwas Herzhaftes, Echtes brauchen wir doch, um jung zu bleiben. Und ich habe mich soeben noch einmal in meiner Wohnung umgesehen, ein richtiges Pferd kriege ich nirgends mehr unter.

KAPITEL 2

CITROËN 2CV

190 DK50

DER CLOCHARD UNTER DEN AUTOMOBILEN: CITROËN 2 CV

Ich weiß nicht, ob es Ihnen manchmal auch so geht: Ich möchte eine alte Manchesterhose und ein verwaschenes Hemd anziehen, mir ein buntes Tuch um den Hals winden und in ein abenteuerliches Auto klettern, um mit diesem irgendwohin zu fahren. Irgendwohin – das ist Kleinasien, Indien oder die Sahara …

Ein abenteuerliches Auto – das ist, ja, das ist etwas, das es nicht mehr gibt. Und deshalb liegt die alte Manchesterhose mitsamt dem verwaschenen blauen Hemd ganz weit unten in einer Schublade. Einmal im Jahr befasse ich mich mit diesen Kleidungsstücken, weil ich sie dann hartnäckig vor dem Lumpensammler verteidigen muss.

»ICH BIN EINEM AUTO BEGEGNET, DEM ES NICHT DAS MINDESTE AUSMACHT, WENN MAN »VERDAMMTE KISTE« ODER »LAHME KLAMOTTE« ZU IHM SAGT.«

Wir haben schöne und schnelle, repräsentative und sparsame, irrsinnig gekonnte und aufgeblasen bunte Autos, aber die abenteuerlichen sind ebenso selten wie ein Gary Cooper oder eine Anna Magnani.

Haben Sie je ein abenteuerliches Auto besessen? Andernfalls haben Sie viel versäumt, so viel wie einer, der noch niemals ein Mädchen liebte, das barfuß geht und das nichts von einem Büstenhalter weiß …

Man kann sie beide in einer alten Manchesterhose, einem verwaschenen Hemd und einem ausgefransten Tuch um den Hals lieben, ohne sich vorher rasieren zu müssen – und deshalb vergisst man sie nicht.

Aber, heutzutage traut man sich ohne korrekte Bügelfalte kaum mehr in sein Auto hinein. Und wenn man nicht rasiert ist, wirft es einem aus den Bilux-Winkeln einen vernichtenden Blick zu, denn es hat nicht den mindesten Sinn für Humor. Vielleicht deshalb, weil wir ihn auch nicht haben?

Das alles ist nicht sehr ermutigend, aber seit kurzem hoffe ich wieder. Ja, ich weiß sicherer denn je, dass ich die alten Kleidungsstücke bald hervorholen werde, um mit ihnen in einem abenteuerlichen Auto auf und davon zu fahren. Ich bin einem Auto begegnet, dem es nicht das mindeste ausmacht, wenn man »verdammte Kiste« oder »arme Klamotte« zu ihm sagt. Einem Auto, das höhnisch zu

TAXI
7775-RK75

MOULIN ROUGE
ROUGE
LE MIRACLE DU CINEMA FRANÇAIS
ANNA KARINA
GERARD BARRAY
ANTONIO VILAR
GIULIANO GEMMA
SUPERPANORAMA 70
SON STEREOPHONIQUE
EASTMAN COLOR
Sheherazade
PIERRE GASPARD-HUIT

grinsen scheint, wenn man es mit frisch gebügelter Hose und korrekt gebundener Krawatte besteigt, einer tollen Schaukel, auf die man zuschreitet, wie auf den Esel im Hippodrom, für den es zehn Mark gibt, wenn es einem gelingt, fünf Minuten oben zu bleiben.

Dieses Auto gibt es natürlich nicht bei uns. Wir haben unsere Romy Schneider, unseren silbernen Förster und unseren Kleinwagen mit Panoramascheibe.

Die Franzosen aber haben ihren 2 CV. Die Franzosen, das sind jene Leute, deren Mobiliar aus nicht viel mehr als einer eisernen Bettstelle besteht, mit einer Drahtmatratze darauf, auf der sie schlafen, wenn sie nicht gerade – nun, man sagt ihnen diesseits des Rheins die unmöglichsten Dinge nach.

Auf jeden Fall haben sie einen ausgeprägten Sinn für glückliche Stunden. Dazu brauchen sie weder ein Fernsehgerät noch eine Waschmaschine. Sie bringen es sogar fertig, an warmen Abenden auf den Treppenstufen vor ihrem Hause zu sitzen. Machen Sie das mal in der Kaiser-Wilhelm-Straße.

Und sie fahren die abenteuerlichsten und ältesten Autos von ganz Europa. Wir sagen, weil sie kein Geld haben. Ich glaube das nicht. Weil ihnen die ganz alten Jahrgänge unter den Händen wegzusterben drohten, legten sie im Jahre 1948 geistesgegenwärtig ein neues, altes Auto aufs Band.

Denn, es war ihnen völlig klar, dass sie auch weiterhin ein solches brauchen würden.

Sie entwarfen es so, wie wir es niemals gemacht hätten. Sie schielten dabei weder nach Detroit noch nach Turin, nicht einmal nach Dingolfing. Sie kopierten ganz einfach ihre eiserne Bettstelle mit der Drahtmatratze darauf, weil sie die Absicht hatten, auch in ihrem Auto glücklich zu sein.

So entstand der 2 CV. Als sich der erste aus Versehen über die Grenze verirrte und in einer deutschen Straße stand, stiegen Herr Pimsbichler und Herr Spitzfindig laut wiehernd um ihn herum. Sie waren überzeugt, einen abartigen Eigenbau vor sich zu sehen das Ding hatte nicht mal eine Chromleiste!

Dann gingen sie zu ihren Automobilschaufenstern und beteten vor einem Champion oder einem Gutbrod still in sich hinein, dass es ihnen gelingen möge, das erste Viertel des Kaufpreises bald zusammenzubekommen. Es gelang ihnen natürlich, denn wir waren damals noch ein besonders fleißiges Volk, und als sie dann den Gutbrod oder den Champion hatten, machten sie eine entsetzliche Entdeckung. Es gingen nicht alle rein, die zur Familie gehörten.

Plötzlich bereuten sie es, sich ungeachtet ihres künftigen Automobils so emsig fortgepflanzt zu haben.

Man musste einen Plan aufstellen, nach dem die Kinder umschichtig mitfahren durften, auch die Oma, die das Objekt mitfinanziert hatte. Später blieb man oft geschlossen zu Hause, weil eine Halbachse gebrochen, schon wieder ein Lager ausgelaufen oder sonst

30 50 70 90 110

etwas Schreckliches passiert war, das man dem so sorgfältig lackierten und verchromten Auto nicht im Geringsten angesehen hatte. Zu diesem Zeitpunkt fuhren längst auch die kinderreichen Familien in Frankreich mit ihrem abartigen 2 CV durch die Gegend. Das tun sie noch heute, während wir beim Anblick so manchen deutschen Nachkriegskleinwagens die Hände falten, um für seinen Besitzer zu beten.

Nun ist es raus, dass wir versagt haben. Es gelang uns nicht, ein durchschlagendes, zweckmäßiges, robustes, geräumiges volkstümliches Kleinautomobil auf die Räder zu stellen.

Wenn ich nur zwei Versager erwähne, so hat das mit Einfallslosigkeit weniger gemein als mit der Erkenntnis, dass man erhebliche Anwaltskosten spart, wenn man sich auf verblichene Namen beschränkt.

Der 2 CV ist ein Kleinwagen mit dem Innenraum einer Taxe, dem Federungskomfort eines Sechszylinders, der Robustheit eines Traktors und dem Benzinverbrauch einer Isetta.

Ich weiß wahrhaftig kein deutsches Pendant für dieses Auto. Wir schufen verlogene Stra-ßenkreuzer-Imitationen ohne Platz für den sonntäglichen Familienausflug (mit Hund, Sportkarre, Klappmöbeln und Schwiegermutter) und ohne Platz für den werktäglichen Kartoffelsack, den Transport der Kommode von Tante Frieda zu Onkel Emil und so weiter. Wir sind eben keine Lebenskünstler, ganz gewiss nicht. Das schließt nicht aus, dass wir über diese lachen.

In Erkenntnis unserer Mentalität hat man, um ihn auch bei uns verkaufen zu können, den 2 CV »Monpti« genannt. Das ist das Einzige, was mir an ihm nicht gefällt. Es hört sich an, als ob man aus Versehen mit der bloßen Hand in ein Pfund Honig greift.

Für mich ist der 2 CV kein süßer Kleiner, sondern ein Clochard, der Clochard unter den Automobilen, der letzte vielleicht. Einer, der unbekümmert in seinem schlichten Kleid und schlecht rasiert seinen Weg durch die bunte, klebrige Vielfalt der heutigen Welt geht. Einer, der weiter nichts sein möchte als er selbst. Kein verkleinerter Straßenkreuzer, kein nachgemachter Fiat, kein Fast-so-wie-ein-Opel-Rekord. Er ist der Philosoph unter den Automodellen, und deshalb ist er das Auto für Philosophen, auch, wenn diese nicht im geringsten ahnen, dass sie solche sind. »Philosophie ist, wenn man sich nichts draus macht!« soll Roland Fegesack gesagt haben, als er in einem braunen und einem schwarzen Schuh zur Entgegennahme des Hermsdorfer Kreuzes erschien. Ich bin den Clochard gefahren, und ich weiß, wie einem zumute sein könnte, wenn man kein kleiner Fegesack wäre.

So, wie die Leute ihre Automobilzeitschrift abbestellen, wenn diese etwas Nachteiliges über ihre momentane Hausmarke sagt (weshalb die, die nichts Nachteiliges sagen, so hohe Auflagen haben), so lachen sie über ein Auto, das sie nicht begreifen ... Es ist erstaunlich, mit welchem Schneid man hierzulande seine mangelnde Reife zur Schau trägt.

Schließlich ist noch lange nicht alles richtig, was alle tun. Henry Ford wusste das auch.

Er sagt in Kapitel IV, Vers 2: »Ich beabsichtige, ein Automobil für die Menge zu bauen. Es wird groß genug sein, um die Familie mitzunehmen, aber klein genug, dass ein einzelner Mann es versorgen kann...« Damit sprach er im Jahre 1909 (!) etwas sehr Ungewöhnliches aus. Es hatte zur Folge, dass man ihm von der Ost- bis zur Westküste die Pleite prophezeite.

Im Laufe der folgenden Jahre stellte sich dann heraus, dass er zwar etwas Ungewöhnliches getan hatte, dass es jedoch etwas sehr Erfolgreiches gewesen war. Er hatte in einer Zeit, als dies absurder war, als wir es heute zu begreifen vermögen, das T-Modell gebaut. Nun wundert es mich schon lange, dass unsere

»ER IST DER PHILOSOPH UNTER DEN AUTOMODELLEN,UND DESHALB IST ER DAS AUTO FÜR PHILOSOPHEN, AUCH, WENN DIESE NICHT IM GERINGSTEN AHNEN, DASS SIE SOLCHE SIND.«

deutschen Automobilhersteller so wenig bibelfest sind. Denn Kapitel IV, Vers 2, hätte ihnen vor Jahren den Weg des Heils weisen können.
Hätten wir zu Beginn der Motorisierungswelle ein solches Auto auf irgendein prominentes Band gelegt, dann wäre der Geschmack unserer Brüder und Schwestern nicht verdorben worden. Dann wäre ihnen der Sinn für sinnvolle Zweckmäßigkeit erhalten geblieben. Heute würden sie ihren blechernen Philosophen

wie ein Nationalheiligtum verteidigen, siehe VW, von dem manche reden, als ob er ein Glaubensbekenntnis sei.

Jedoch, die Industrie wies uns die falsche Fährte. Es liegt aber nicht an der Industrie als anonymer Masse, es liegt an der großen, außergewöhnlichen Persönlichkeit, die nicht da war. Man machte das, was alle machten, ja, nicht einmal das, denn die ganz Kleinen mussten kommen, ihre Bänder auf Wald und Wiese legen, um darauf die kleinen Autos zu produzieren, nach denen die Menge hungerte. Die ganz Großen glaubten nicht an die kleinen Autos.

Und nun ist die Masse der Verbraucher enttäuscht und verdorben. So verdorben, dass sie laut loslacht, wenn das richtige Auto daherkommt. Wir haben jetzt unsere Panorama-Kleinwagen.

In der Dreigroschenoper würde man singen: »Und von vorne ein kleiner Rekord – und hinten kann keiner sitzen... « Und es hieße mich missverstehen, wenn man dabei nur an Süddeutschland dächte.

Hat der Clochard keine Fehler? Natürlich hat er welche, einen ganzen Sack voll. Aber, es sind Fehler, die nichts kosten. Nicht solche, die erst hinterher auftreten und durch teure Reparaturrechnungen bezahlt werden müssen. Es sind offenherzige Fehler, die jeder sehen und in Kauf nehmen kann oder nicht.

Was das ehrlich »Volkstümliche« betrifft, so enttäuscht der Clochard jedenfalls nicht. Vom Anschaffungspreis angefangen (VW-Standard-Preis), über die Steuer- und Versicherungskosten, den Benzinverbrauch, die Lebensdauer und die Reparaturkosten enttäuscht er nicht. Er ist ein Volksautomobil.

Dass er dabei nicht vortäuscht, ein kleiner Luxuswagen zu sein, nimmt man ihm übel. Dass er dabei ein bisschen harmlos klappert (harmlos bedeutet: nur mit Blech, nicht mit dem Fahrgestell), sieht man ihm nach. Dass er nur 13 PS unter der Haube hat, macht einen stutzig. Dass er nicht hundert fährt, belächelt man. Dass er bis fünfzig respektabel beschleunigt, weiß man nicht. Aber ich glaube, das wird sich ändern. Denn der 2 CV kommt uns entgegen. Er heißt schon »Monpti« und er kostet den VW-Standard-Preis. Er steht heute schon so häufig in unseren Straßen herum, dass wir beginnen, uns an seinen Anblick zu gewöhnen.

Ich sehe im Citroën 2 CV ein ehrliches, tüchtiges Auto, das noch ein bisschen nach der Benzin-Romantik verflossener Jahrzehnte riecht, die nämlich nicht die schlechtesten waren. Mit dem 2 CV und mit keinem anderen möchte ich wieder einmal, wie einst, über den Balkan stolpern, heiteren, unbeschwerten Sinnes, wie einer, der auf einem anspruchslosen Maulesel über staubige Straßen reitet und dabei trotzdem, oder gerade deswegen, ein munteres Liedchen vor sich hin pfeift. Es ist bestimmt kein Zufall, dass die Lebenskünstler jenseits des Rheins ihren 2 CV haben.

»HAT DER CLOCHARD KEINE FEHLER? NATÜRLICH HAT ER WELCHE, EINEN GANZEN SACK VOLL. ABER, ES SIND FEHLER, DIE NICHTS KOSTEN. ES SIND OFFENHERZIGE FEHLER, DIE JEDER SEHEN UND IN KAUF NEHMEN KANN ODER NICHT.«

KAPITEL 3

AUSTIN SPRITE

DAS AUTO, DAS WIR NICHT HABEN: AUSTIN SPRITE

Ein offener Sportwagen ist, wenn man auch im Sommer friert! Dieser Satz ist nicht von mir. Er ist auch nicht von jenem. Er ist überhaupt von keinem – er ist Volksweisheit. Es gibt ihn, seit es den offenen Zweisitzer gibt. Wahrscheinlich wurde er im Rahmen der Betriebsanleitung mitgeliefert. Er ist das, was Automobilschriftsteller benutzen, um einen Roadster zu definieren.

Man hat es nicht leicht, wenn man über einen sportlichen Zweisitzer schreibt, denn es gibt immer eine Limousine, die billiger ist, mehr leistet und weniger Krach macht als der Zwei-sitzer, mit dem man sich gerade beschäftigt. Man riskiert mehr denn je, auf lebhaften Widerstand zu stoßen. Etwa so: »Was heißt schon Brigitte Bardot? Schauen Sie sich mal meine Schwester an. Die spricht drei Sprachen, hat das Hauswirtschaftsdiplom und eine komplette Aussteuer. Außerdem ist sie weniger anstrengend und wesentlich billiger im Unterhalt ... « Natürlich hat der Mann recht. Ich habe aber trotzdem eine Schwäche für offene Bardots, ich meine, für offene Zweisitzer. Die sind nun aber meistens das, was wir nicht haben.

»WIR HABEN MOTOREN, BEI DEREN ANBLICK UNS DAS WASSER IM MUNDE ZUSAMMENLÄUFT, ABER MAN MISSBRAUCHT SIE ZUR FORTBEWEGUNG KLEBRIG-SÜSSER COUPÉS UND ÜPPIGER LIMOUSINEN.«

Nicht nur, dass sie nicht in unserer Garage stehen, nein, wir haben sie auch nicht in der Produktion. Das ist die Made in unserem Germany, zu deutsch: Da ist der Wurm drin. Warum kriegen wir keinen sportlichen Zweisitzer mehr auf die Beine, einen, der weitgehend aus Serienteilen gefertigt und somit preiswert, robust und reparierbar ist, einen für 6000 Mark.

Den gibt es nicht. Denn ich meine keinen 12 000 Mark-Sportwagen und kein 140 km-Auto mit Rollerrädern und einem Verschleiß, den man in mondhellen Nächten beinahe beobachten kann. Ich meine so etwas wie den Sprite.

Wir haben Motoren, bei deren Anblick uns das Wasser im Munde zusammenläuft, aber man missbraucht sie zur Fortbewegung klebrig-süßer Coupés und

üppiger Limousinen. Wenn man danach fragt, dann sagen sie einem, dass mit dem, was man meint, kein Geld zu verdienen sei.

Ich verstehe das nicht, denn ich habe zuverlässige Informationen darüber, dass man bei Austin-Healey und bei MG ganz gut zurechtkommt.

Wenn man hierzulande kein Geld mit so etwas machen kann, dann wird es ganz einfach daran liegen, dass man so etwas nicht machen kann. Mit einer Coupé-Karosserie ist es nämlich nicht getan.

Dabei ist doch das Rezept, nach dem solche Leckerbissen gebacken werden können, ganz einfach: Man nimmt die Motoren aus der laufenden Produktion einer bewährten »Paarhunderttausend-Serie« und schaltet somit jedes Risiko und jede zusätzliche Investition aus. Diese Motoren werden serienmäßig entdrosselt und aufgestockt, zwei Vergaser und eine höhere Verdichtung wirken bekanntlich schon Wunder.

Und die bei einer 25- bis 30-prozentigen Leistungssteigerung um eben diesen Prozentsatz abfallende Lebensdauer nimmt einem bei einem solchen Fahrzeug niemand übel. Danach schweiße man einen Rahmen zusammen, den

die Serienlimousine bekanntlich nicht hat, und baue eine hübsche, unkomplizierte und darum nicht zu teure Karosserie. Dabei wird es nichts schaden und auch nicht die Welt kosten, wenn man es hier und da ein bisschen anders macht, etwas steifer oder höher dimensioniert, ein paar Zähne mehr oder ein paar Zähne weniger in den Antrieb fummelt und möglicherweise die Bremstrommeln von der größeren Limousine verwendet, anstatt von der, aus der man den Motor entnommen hat. Es gibt da wunderbare Variationsmöglichkeiten.

Die Eigenbauer der Junior-Formel-Rennwagen beweisen es erneut. Sie bauen aus Serienteilen blitzschnelle Hirsche zusammen, die motor- und fahrwerksmäßig stundenlange Läufe durch-halten. Und sie benötigen dazu nur eine gut eingerichtete Werkstatt, viel Idealismus, Fachkenntnis und natürlich Geld.

Das sind aber alles Dinge, die man einer Automobilfabrik ebenfalls zutrauen

sollte. Wenn man nun also den oben zitierten Motor in den oben zitierten Rahmen gesetzt hat, dann macht man es bei uns bestimmt falsch. Dann setzt man nämlich auf dieses schöne, sportliche Fahrgestell eine besonders luxuriöse, auswärts entworfene Coupé-Karosserie mit Ebenholz, Liegesitzen, eingebautem Torfklosett und Trockenrasierer. Die wiegt dann mehr als das ganze Fahrgestell und kostet allein 5000 Mark. Und dann wundert man sich, dass mit dem Ding kein Geld zu verdienen ist. Nach solch urdeutscher Manier entstehen Möchtegern-Coupés, die mit ihrem Zweitaktmotor 11 000 Mark kosten. Sie werden weder den Inlands- noch den überseeischen Markt erobern, das hätte man sich vorher an den Fingern abzählen können. Aber, ich wundere mich nicht mehr.
Ich genieße die Konkurrenz. Da sind zum Beispiel die Engländer. Jahrelang haben wir über ihre eckigen Limousinen gelacht. Man muss zugeben, dass sie zumindest ebenso viel Zeit brauchten um aufzuwachen, wie der sattsam bekannte Herr mit der Käfersammlung. Wenn aber Mr. Smith zwei Töchter hat, dann darf man nicht immer nur auf die zeigen, die ein bisschen danebengeraten ist mit ihrer Warze auf dem Kinn, sondern man muss anerkennen, dass die zweite eine flotte Biene ist, nach der sich die Feinschmecker in aller Welt umdrehen.
Die flotte Biene ist der englische Sportwagen, und die Schwester, mit der Warze auf dem Kinn, hat inzwischen eine sehr erfolgreiche Schönheitsoperation überstanden. Sie wird noch von sich reden machen. Es sind aber hierzulande nicht nur die Automobilfabriken, denen ich wieder mal etwas in die Schuhe zu schieben habe.
Es ist auch der bundesdeutsche Zeitgenosse schlechthin, der kein ausreichendes Roadster-Bewusstsein mehr hat. Ein gedämpftes Vor-sich-Hinfrieren erlaubt er sich nur auf Fußballplätzen, im Übrigen wurde es ihm vor Jahren schon auf dem Motorrad kalt. Und für sechstausend bis siebentausend Mark ist er wohl kaum zum freiwilligen Frösteln zu bewegen. Dafür gibt es ja schon einen Opel Rekord. Es herrscht die landläufige Meinung vor, dass Leute, die bei Wind und Wetter in einem offenen Zweisitzer fahren, nicht mehr im Besitz ihrer vollen Kompression sind.
Sie haben mich angesehen, als hätte sich mein Zündzeitpunkt verschoben, als ich ihnen sagte, dass ich ausgerechnet über Weihnachten und Neujahr einen offenen Sportwagen fahren würde. Und als ich es dann wirklich tat, wurde aus sämtlichen umliegenden Fenstern mit den Köpfen geschüttelt, aus beschlagenen Limousinenscheiben albern gegrinst, und ein Polizist versuchte hartnäckig, mir einen Alkoholtest aufzudrängen.
So geht es einem, der nichts weiter anstellt, als dass er warm angezogen in einem bis zur Gürtellinie gut beheizten offenen Sportwagen herumfährt, obwohl auf dem Kalender Weihnachten ist.
Gottlob, ich habe aber auch jene Männer gesehen, die stehenblieben, dem kleinen weißen Etwas mit dem roten Kunstleder drin versonnen nachblickten und

dabei den herzerbarmenden Gesichtsausdruck von Kindern hatten, denen man Jahr für Jahr ihren schönsten Weihnachtswunsch versagt.

Bestimmt gibt es noch genügend »große Kinder«, die lieber in einem kleinen Leiterwägelchen fahren möchten, vor das man einen dressierten Ziegenbock gespannt hat, als in einem luftgefederten Schlafsessel-Bus. Was mich betrifft, so hatte ich als Knabe einen dressierten Ziegenbock, der unter Schellengeläut mein kleines Leiterwägelchen zog, hatte einen Vater, der im Thüringer Winter bei minus 20 Grad offen fuhr, und habe eine Frau, die mit mir zu jeder Jahreszeit in alles klettert was brummt, ganz gleich, ob es von vorn, von hinten oder von unten zieht.

Und diesmal konnte sie mir sogar beim Testen helfen, indem sie ab 100 mit ihrem linken Arm meine Sportmütze festhielt, damit ich weiterbeschleunigen konnte.

Nun weiß ich endlich, warum mein alter Herr damals seine Sportmütze immer mit dem Schild nach hinten trug, wenn er sich hinters Steuer klemmte. Das machten die Männer in den zwanziger Jahren so oft, dass ich der Meinung war, es sei halt so Mode. Dass es in Wirklichkeit bitter notwendig war, sollte ich erst dreißig Jahre später erfahren. Wenn man im offenen Sprite also das Mützenschild nach hinten dreht, kann man 130 fahren, ohne es zu merken.

Der Drehzahlmesser steht dabei etwa auf fünf-fünf, die Tachonadel auf hundertvierzig, das Fahrgestell tut, als wären es nur hundert, und der Auspuff brüllt, als

wären es hundertachtzig. Es ist ein tolles Vergnügen, viel schöner als hundertsechzig in einem 220 S. Noch genussreicher geht es im Bereich zwischen null und hundert zu. Wenn man nach irgendeinem Kolonnenstopp auf freier Strecke gleichberechtigter Starter unter mehreren ist, dann wachsen die Tribünen förmlich aus dem Straßengraben, und die Chaussee wird zur Piste.

Man röhrt sich mit 35 im ersten, 60 im zweiten und fast 100 im dritten Gang am Feld überlegener Limousinen vorbei, die es möglicherweise ebenso gut könnten, die aber vor lauter Dekadenz das Laufen verlernt haben.

Das Ausschlaggebende, warum man weit stärkere Transportkisten veralbern kann, ist das sportlich-richtige Fahrgestell des Sprite, das eine Ausnutzung der 42,5 PS ermöglicht, so dass daraus mindestens 60 Limousinen-PS werden. Es sind ohnehin nur 600 Kilo Wagengewicht abzufeuern, und er feuert sie so, dass man wahrhaftig achtgeben muss, dass die Hinterräder nicht durchdrehen. Vor zehn Jahren hatte ich mir einmal einen Veteranen geleistet. Mit ihm wollte ich die Zeit zurückholen, als ich noch sehr jung und sehr glücklich war. Es gelang mir nicht, weil die Hinterachse dieses Wagens (es war ein zweisitziger 4/20er Opel mit zwei Notsitzen in der Kofferklappe) an zwei Viertelelliptik-Blattfedern (Auslegern) befestigt war. Das hatte ich in meiner Jugend gar nicht gemerkt.

Im Jahre 1950 hätte ich Wetten darauf abgeschlossen, dass es nie in diesem Jahrhundert einem Konstrukteur wieder einfallen könnte, eine Hinterachse solcherart aufzuhängen.

Und nun bin ich im Jahre 1960 mit einer an zwei Viertelelliptik-Blattfedern aufgehängten Hinterachse 130 gefahren. Es sind zwar noch zwei Längslenker mit von der Partie, aber immerhin, die beiden viertelblättrigen Ausleger bleiben. Daraus entstand eine geradezu impertinent sportliche Straßenlage. Ich mag ohnehin der Einzige sein, der manchmal daran irre zu werden droht, was es mit den Hinterachsen eigentlich auf sich haben könnte. Da hat so manches Automobil mit einer simpel aufgehängten Starrachse eine bessere Straßenlage, als eines mit einer komplizierten, aufwendigen Pendelachskonstruktion.

Ich habe die Fachwelt ohnehin in Verdacht, dass sie mindestens ein Jahrzehnt lang die damals noch unvollendete Pendelachse völlig zu Unrecht in den Himmel gehoben hat. Es war eben was anderes, und es knickte so schön ein. Bei Nässe und Glätte blieb man eben geistesgegenwärtig zu Hause.

Es beruhigt mich jedenfalls sehr, zu wissen, dass man auch mit einfachsten konstruktiven Mitteln noch richtige Autos bauen kann. Auch der kurze Mittelschalthebel, der Knüppel, feiert im Sprite, wie in vielen Engländern, neue Triumphe. Es gibt nichts, was sich so gut zum Schalten eignet wie der Knüppel, der aus dem Getriebe ragt. Aber wer sähe das schon ein?

Ein volkstümlicher, echter Sportwagen für junge Menschen – der Sprite ist einer. Wenn er nicht von drüben käme, sondern aus Bremen, Düsseldorf oder München, dann müsste er ohne See- oder Luftfracht, ohne Zoll und Dings und Bums doch wahrhaftig für 6000 Mark zu haben sein.

Ich sagte Bremen und denke an einen Arabellissima-Sport (offen, mit spartanischer Karosserie und einem, wie beim Sprite, übrigens sehr brauchbaren, Allwetterverdeck). Ich sagte Düsseldorf und denke an einen ebenso spartanischen, offenen AU 1000, und ich sagte München, und Sie wissen schon, was ich meine. Darauf haben wir ja alle gewartet. Herrn Borgward habe ich schon längst eine MG-Isabella unterschieben wollen (was für ein Motor!), aber auf unsereinen hört ja keiner.

Und deshalb, Freunde, rate ich euch zu einem Ausländer! Wie wär's mit dem Sprite? Zur Belohnung für euer undeutsches Handeln bekommt ihr ein Jahr Garantie (ohne Rücksicht auf die gefahrenen Kilometer!). Das ist auch so eine Sache, bei der einem die Nationalhymne in der

»UND DESHALB, FREUNDE, RATE ICH EUCH ZU EINEM AUSLÄNDER! WIE WÄR'S MIT DEM SPRITE?«

Kehle steckenbleibt. Ein Jahr Garantie ohne Kilometerbegrenzung ist drüben gang und gäbe. Diesen Satz sollten die Herren mit den hohen Produktionsziffern eigentlich fünfzigmal abschreiben, damit sie ihn nicht schon wieder vergessen.

Ein Jahr Garantie zeugt von einem guten Gewissen. Ein Jahr Garantie ohne Kilometerbegrenzung für einen Sportwagen, den man hernimmt, als gälte es, unseren Bundesstraßen vollends den Garaus zu machen.

Die BMC-Leute können ein gutes Gewissen haben. Der Sprite-Motor ist gar kein Sprite-Motor, er ist ein BMC-Motor für viele Wagen, auch für den Tempo-Wiking aus Harburg. Das ist die Größe dieses Rezeptes. Im Sprite trinkt er aus zwei SU-Vergasern, die ihn ganz schön bei Laune halten, ohne ihm das Saufen anzugewöhnen. Der sportliche Sprite verlangt kaum mehr als ein schnell gefahrener VW, nur mit dem Unterschied, dass es Super sein muss. Vom Anschaffungspreis abgesehen (frei Haus etwa DM 7300,– kein Grund zur Aufregung, der Karmann-Ghia kostet sportlich-offen sogar 8250,-), ist der Sprite sogar ein sehr genügsames Haustier, denn man versteuert nur einen Liter und versichert 42,5 PS.

Das schönste am Sprite-Angebot, falls Sie sich eines schicken lassen sollten, ist nach meiner Ansicht die auf einfachstem Saugpost-Papier abgezogene, maschinengetippte Liste mit der Überschrift: »DM-Preise für Austin-Healey-Sprite-Spezial-Umbausatz«. Da kann man unter Ziffer I, II und III ein paar Leistungssteigerungen erwerben, die einfach aus dem Regal genommen werden: Für DM 730,- werden 3 PS geliefert, für DM 1050,-
10 PS und für DM 1250,- 13 PS.

Es beginnt mit einer Auspuffanlage, bestehend aus Krümmer, Rohr und Topf, und steigert sich mit Flachkolbensatz, Ventilfedern, Nockenwelle und Verteiler bis auf eine Gesamtleistung von 55 PS. Mit dieser Bestückung käme das Wägelchen auf ein Leistungsgewicht von 11 kg/PS, was wohl genügen dürfte, um dem Fass voll sportlichen Vergnügens die Krone aufzusetzen.

Allein die Existenz solcher käuflichen Umbausätze und das Vorhandensein der PS-Preisliste zeugen von einem Geist, der manche Leute beschämen sollte. Bei uns will man sicher gehen. Man weiß, was Geld bringt, und darüber hinaus riskiert man nichts.

Automobile bauen, das ist so, als ob man Möbel macht. Das ist im Ganzen gesehen die gleiche geschäftliche Logik, aus der heraus unsere Heimatfilme gedreht werden. Filme wie »La Strada« hingegen und Automobile wie der »Sprite« wachsen nicht mehr auf deutschem Boden.

THE EXCITING *New* **AUSTIN HEALEY**

Who can deny that this delightful addition to the marque of Austin Healey is aptly named? For although compact proportion, the 'Sprite' nevertheless has a 'full-size' performan The secret lies beneath the bonnet—power in plenty from the B.M.C. 'A' type engine fitted with twin S.U. carburetters and developing 42.5 b.h.p. at 5,000

KAPITEL 4

CORVETTE STINGRAY

CALIFORNIA
2082

ROLLSTUHL FÜR PLAYBOYS: CORVETTE STINGRAY

»Ein Auto wie ein Mann!« schwärmte die italienische Filmschauspielerin Sandra Milo nach einer Fahrt im Chevrolet Corvette »Sting Ray«. Er ist der einzige Seriensportwagen aus den USA. In Antwerpen setzte sich B. Busch hinter das Lenkrad und fuhr den »Stachelrochen« nach Rom.

Was er mit dem Auto erlebte, berichtete er in der »Traumwagenserie«, die damals ein Millionenpublikum erreichte. Wo immer dieser feuerrote Kraftprotz auftauchte, wurde er von Menschen umringt und betastet. Er hatte eine Art, aus dem Auspuff zu husten, dass die Leute nicht umhin konnten, sich nach ihm umzudrehen.

Ich weiß nicht, ob Sie sich einen Zweisitzer mit einem 360-PS-Motor so richtig vorstellen können. Im. meine, ob Sie sich überhaupt das Gefühl ausmalen können, das entsteht, wenn man von·zehn VW-Motoren aus dem Stand bis auf 230 km/h beschleunigt wird.

Es ist, als hätten Sie sich aus Versehen auf der Mündung eines Granatwerfers niedergelassen, ohne auch nur entfernt zu ahnen, dass er im nächsten Augenblick losgeht. Die Sache ist so überwältigend, dass Sandra Milo, Fellinis Star in »Achteinhalb« und im Übrigen ein außerordentlich angenehmes Mädchen, immer noch einmal von mir abgefeuert werden wollte.

Da sie sich dabei an meinem rechten Knie festhielt, sah ich keinen Anlass, die Demonstration des Beschleunigungsvermögens einer Rakete vorzeitig abzubrechen.

Der Sting Ray ist in jeder Hinsicht ein aufregendes Automobil. Es ist unmöglich, mit ihm länger als zehn Minuten allein zu bleiben. Er zieht Menschen an wie ein Magnet Eisenfeilspäne.

Er ist der treffendste Rollstuhl für Playboys, in dem ich je saß! Ich bestieg ihn in Antwerpen und fuhr mit ihm über St. Tropez nach Rom, zur Via Veneto. Denn Traumwagen von seiner Art muss man in ihrem ureigenen Milieu erleben, um ihnen

»ES IST, ALS HÄTTEN SIE SICH AUS VERSEHEN AUF DER MÜNDUNG EINES GRANATWERFERS NIEDERGELASSEN, OHNE AUCH NUR ENTFERNT ZU AHNEN, DASS ER IM NÄCHSTEN AUGENBLICK LOSGEHT.«

CORVETTE
4-4-63
CHEVROLET

hart die damit verbundenen Anforderungen auch sind.

Schon auf der Reise gab es eine Menge Arbeit für mich. Ein 360 PS starker Sting Ray, der an keiner Ecke und keinem Ende automatisiert, servounterstützt oder gebremshilft ist und dem man der Straßenlage zuliebe nur Federwege von der Länge eines Bananensteckers bewilligt hat – das ist Body Building in seiner reinsten Form! Abends aber muss man – so nach 800 bis 1000 Kilometer Fahrtstrecke – in seinem Hotelzimmer das Kupplungsbein hochlegen und sich vom Zimmermädchen essigsaure Umschläge, aufs Knie packen lassen. Das Gelenk ist so dick wie ein Fußball. Man spürt einen Muskelkater am Leibe, dass man das Campariglas nur noch mit den Zähnen packen kann.

Ausgerechnet in diesem Zustand laufen einem die Mädchen nach, als wäre man ein Sohn der Lieblingsfrau des Ibn Saud. Sie können es überhaupt nicht begreifen, dass ein Sting Ray, sofern er nicht automatisiert ist (den gibt es auch!), den ganzen Mann auffrisst vom Scheitel bis zur Sohle. Zehn Minuten lang ist man stocktaub und steif, wenn man nach langer Fahrt aus dem Coupe klettert. Man bewegt sich unsicher wie ein alter Depp. So gesehen ist der Sting Ray ein ganz harmloses Auto, obwohl er aussieht wie zwei Ferraris und ein Maserati zusammen, sozusagen gebündelt. Der Testwagen war neben seinem abenteuerlichen Aussehen auch noch feuerwehrrot lackiert. Er hatte eine Art, aus dem

umhin konnten, sich nach ihm umzudrehen. Vor der Fassade einer psychiatrischen Klinik könnte man mit ihm ohne weiteres durch bloßes Auf- und Abfahren im ersten Gang Schock-Therapie betreiben.

Es gibt Autos, mit denen erlebt man so gut wie gar nichts, obwohl sie teuer und aufwendig sind. Und es gibt solche, die einen flugs in eine andere Welt befördern.

Über unausgefüllte und langweilige Stunden konnte ich während dieser Traumwagenreise wirklich nicht klagen. Es geschahen fortgesetzt die merkwürdigsten und zugleich erfreulichsten Dinge, zu denen ich die Bekanntschaft mit einem amerikanischen Millionärstöchterchen aus Florida zählen darf, das uns ansprach und die Bitte äußerte, ein wenig spazieren gefahren zu werden. Den eigenen Jaguar E ließ es so lange irgendwo stehen und vergaß dann, wo.

Ich wollte es sozusagen mal wissen, wollte herausfinden, was man haben, aufwenden und anstellen muss, damit die Welt mit einem verrücktspielt. Es ist weniger, als ich dachte. Vor allem gehört die richtige Visitenkarte dazu: ein seltenes, verrücktes, starkes, lautes, teures Automobil. Und im Übrigen die lässigste Kleidung, die man auftreiben kann. Ich wickelte mir ein Tuch um den Hals statt einer Krawatte, schlüpfte in eine Hose, auf der sich nur bei genauem Hinsehen die verwehten Spuren einer Bügelfalte abzeichneten und warf mir ein uniformähnliches Hemd über, das aufgesteppte Taschen und zwei Schulterklappen besaß und in St. Tropez, gerade Mode war. Es kostete 23,50 Mark. An den Füßen trug ich groblederne Strandschuhe, die aus alten Mehlsäcken gemacht schienen und an der gesamten Riviera für etwas weniger als sechs Mark äußerst wohlfeil gehandelt wurden. Meine ölgetränkten, völlig zerknitterten Fahrerhandschuhe habe ich ohnehin stets bei mir. Das genügt!

In dieser Aufmachung, die einen Hamburger Hotel-Portier oder einen Gelsenkirchener Nightclub-Kellner an den Rand einer doppelseitigen Schlagserie bringen würde, verbrachte ich meine römischen Tage in der angenehmsten Gesellschaft. Ich holte Giorgia Moll vom Studio ab, um mit ihr spazieren-, Eis essen und nach Hause zu fahren; ich saß mit Sandra Milo auf ihrem 500 Quadratmeter großen Dachgarten, fuhr mit ihr ins Grüne, ging mit ihr aus, machte des Abends mit der Evi Mirandi und dem Sting Ray die Via Veneto unsicher und wurde von wildfremden Angehörigen der sogenannten gehobenen Kreise angesprochen, die, bevor sie in ihren RollsRoyce stiegen, an meinen Wagen traten und hereinriefen: »Wie lange bleiben Sie noch in Rom? Besuchen Sie uns doch, mal!«

Es geschahen merkwürdige Dinge, nur weil ich in einem merkwürdigen Automobil saß und so angezogen war, als könne mir die Welt den Rücken hinunterrutschen. Vielleicht aber auch, weil Fotograf Michael Friedel ständig mit seinem halben Dutzend Kameras hinter mir her schoss, was den Leuten natürlich ebenso wenig entging wie den jungen Damen.

Wenn Sie je daran gezweifelt haben sollten, dass die effektvollste Visitenkarte, die ein Mann haben kann, sein Auto ist, so möchte ich Sie hiermit von diesem Irrweg abgebracht haben. Doch muss ich zugeben, dass der Sting Ray alles, was ich bisher an Visitenkarten fuhr, in den Schatten stellte. Er scheint eine unheimliche Ausstrahlung zu haben, und ich vermute, dass in den Bergdörfern die Wünschelruten ausschlugen, wenn er mit 200 km/h über die Autostrada röhrte.

Wo immer auch ich anhielt, um eine leichte Stärkung zu mir zu nehmen oder nach dem Weg zu fragen, wurde ich von Menschen jeglichen Geschlechts und Alters und aller Hautfarben umzingelt. Bis ich mir schließlich so etwas wie ein Zirkusprogramm ausarbeitete, um der Menge Genüge zu tun. Es begann damit, dass ich in das Durcheinander der auf mich zuschwirrenden Fragen die Worte »tretschentosessanta cavalli« warf. Zu Deutsch: 360 PS. Sie wirkten wie ein Trommelwirbel mit angehängtem Paukenschlag. Ich ließ sie ein Weilchen wirken, bevor ich das Programm mit der Bemerkung fortsetzte, der Motor habe acht Zylinder und »injezione«, Benzineinspritzung. Das hielten in den Provinzstädtchen viele für eine Dieselpumpe, andere wussten es besser, und es zeichneten sich in diesem Stadium meiner Vorführung bereits die ersten Handgreiflichkeiten im Publikum ab. Daraufhin tat ich so, als wolle ich mich in mein Privatleben zurückziehen. Aber da erstarb auch der heftigste Streit, und

FRITZ B. BUSCH

man schaute mich entgeistert an. Wollte ich etwa jetzt, auf der Höhe der Ereignisse, mein Volk im Stich lassen?

Einige beherzte Männer hielten mich einfach fest, so dass ich mich zu einer Zugabe entschließen musste. Ich verriet das Fabrikat, den Benzinverbrauch von 20 bis 23 Liter und tat im Übrigen so, als hätte ich die aus allen Richtungen auf mich abgeschossenen Fragen nach der Spitzengeschwindigkeit bisher nicht vernommen. Ich nestelte an meinen Handschuhen herum oder ließ meine Finger auf dem Coupé-Dach den River-Kwai-Marsch trommeln. Dann schien ich erstmalig die entscheidende Frage zu hören: »Was läuft er?« Ich sagte gedämpft und sichtlich unbeeindruckt von der nun folgenden Zahl: »Duecentotrenta«, zweihundertdreißig!

Das ist der Augenblick, in dem der Mann in der Zirkuskuppel seinen dreifachen Salto ohne Netz beendet hat. Dem Publikum bleibt die Luft weg. Es braucht zwei Sekunden, um wieder zu sich zu kommen und in Beifall auszubrechen.

Inzwischen hatten Väter ihre Söhne, Söhne ihre Väter, Polizisten ihre Kollegen, Mütter ihre Töchter herbeigeholt. Die Straße war nur noch einspurig und im Schritt-Tempo befahrbar. Die in·der Nähe liegenden Ladengeschäfte waren von Personal und Kundschaft verwaist. Wenn ich dann noch mit den Fingerknöcheln aufs Dach und auf die Motorhaube pochte und verheißungsvoll: »Plastica!« ausrief, war das Publikum offenbar bereit, auch mit mir einen Marsch auf Rom zu unternehmen. Alle machten spitze Fäuste und hieben auf das Auto ein, so, wie ich es ihnen vorgemacht hatte. Es dröhnte wie in einer Kesselschmiede, das Volk war aufgebracht und begann, mich im Sprechchor zum Öffnen der Haube zu animieren.

Ich will es kurz machen. Meine Zugabe am Ende der Vorstellung war bewährt: Ich deutete, bereits hinter dem Lenkrad sitzend, auf die Frontpartie des Wagens und ließ im gleichen Augenblick die

versenkten Doppelscheinwerfer elektrisch ein- und wieder ausfahren. Die Folge war: Das gesamte Knäuel schob sich nach vorn, wo es in Hockstellung ging und je nach Alter, Geschlecht und Temperament entweder vergnügt zu krähen, laut aufzuschreien oder gar diesen und jenen Heiligen als Zeugen herbeizurufen begann.

Dann drückte ich auf den Starter. Jetzt strömten die Löwen und Tiger brüllend in die Manege. Ich ließ die 360 Tiere drohend aufheulen. Schlagartig war die Strecke geräumt. Ich passte einen günstigen Moment ab, in dem die Straße vor mir auf 100 oder mehr Meter frei war und stob davon. In nur 6,5 Sekunden kam ich auf 100 und nur zweieinhalb Sekunden später auf 120. Der Abgang war ein gewaltiger. Endete der Marktflecken gleich hinter dem Platz, auf dem meine Galavorstellung stattfand, und lief er dazu in einer schnurgeraden Chaussee aus, so konnte mich die Menge schon nach 20 Sekunden auf 180 ankommen hören, während ich als winziger roter Punkt in den hitzeflimmernden Horizont tauchte.

Ich gebe zu, dass der Sting Ray das öffentliche Leben in den kleineren Landgemeinden zwischen La Spezia und Rom spürbar durcheinanderbrachte.

Michael Friedel, der einmal studienhalber zurückgeblieben war, wusste zu berichten, dass sich nach meinem Abgang Zusammenrottungen ergaben, in denen es zuging wie bei einem Wahlkampf oder bei einer öffentlichen Hinrichtung. Die Männer zerfielen in Ferrari- und Maserati-Anhänger oder in Sting-Ray-Anbeter, und eine Splittergruppe verfocht sogar die Theorie, es habe sich bei der Zahl von 230 nicht um Kilometer, sondern um englische Meilen gehandelt!

Wer wollte es ihnen verübeln? Hatte ich doch beim Abzischen den ersten Gang bis 100 km/h stehen lassen, den zweiten bis 130 und war erst bei 170 km/h vom dritten in den vierten gegangen. Ich bedauere noch heute, dass es mir

nie vergönnt war, mir selbst nachzublicken. Ja, man kann mit ihm noch überholen, wenn man bereits den Goldzahn, im Gebiss des entgegenkommenden Fahrers ausmacht. Man tritt nur auf den Gashebel und wird voran katapultiert. Der überholte wird nicht wissen, was geschehen ist. Ein Windstoß hat ihn gestreift, der etwas Rotes vorbei wehte. Es hört sich an, als ob im gleichen Augenblick irgendwo in der Nähe ein Düsenjäger die Schallmauer durchbrochen hat. So ungefähr werden es die Leute gedeutet haben. Auf der Autostrada kommt man sich ohnehin vor wie ein Tiefflieger, nur dass man leider nicht vom Boden abheben kann, wenn schon wieder ein verträumter kleiner Fiat nach links pendelt. Dann muss man in die Bremsen steigen. Sie haben Trommeln und keine Scheiben! Die metallischen Bremsbeläge packen zu, wie es ihnen gerade passt. Man weiß vorher nie, ob sie den Wagen nach rechts oder nach links ziehen, ob sie vorn oder hinten zum Blockieren neigen. Es ist jedes Mal anders. Vor allem bei nasser Fahrbahn wirkt sich dieses Spiel auf die Marschrichtung des Wagens aus. Man korrigiert mit Lenkung, Gas und Bremspedal und bemüht sich im Schweiße seines Angesichts, nicht aus dem Kurs zu rutschen. Dafür sind diese Bremsen aber besonders standfest. Es sind Rennbremsen, die auf wiederholte Vollbremsungen aus 200 km/h heraus ohne nachlassende Wirkung reagieren. Je heißer sie sind,

desto gleichmäßiger ziehen sie.

So ließen sich auf kurvenreichem Bergkurs, etwa zwischen Genua und La Spezia, Grosseto und Siena hervorragende Durchschnitte herausfahren, weil rücksichtsloses Beschleunigen zwischen zwei Kurven und ebenso rücksichtsloses Herunterbremsen dem Auto sichtlich wohlzutun schienen. Der Mann am Steuer muss aber hart kämpfen dabei. Der Schweiß läuft ihm in Strömen über Stirn und Rücken. Ständiges Kuppeln, Schalten und Bremsen und das Drehen des Lenkrades in schnellen Kurven (der Wagen wiegt 1,5 Tonnen) erfordern Muskelkräfte. Das grenzt an Schwerarbeit. Die Belüftung des Coupé-Inneren ist unzureichend, ebenso die durch den Mittelsteg irritierte Sicht nach hinten. Beide schwachen Punkte wurden in der 1964er Ausführung geändert, wie das Werk soeben bekanntgibt.

Auf glatter Straßenoberfläche liegt der Wagen ausgezeichnet, auf rauher Pflaster- oder Schlaglochdecke gibt es nur die Flucht nach vorn. Langsam fahren artet da in die Arbeitsweise einer Knochenmühle aus. Man muss versuchen, die Unebenheiten zu überfliegen. Das Geschoss bleibt dabei erstaunlich richtungsstabil. Zu spät angebremste Kurven können gefährlich werden, weil das Nachbremsen im Kurvenradius zu einem Ausbrechen des Hecks führt und weil das oft ungleichmäßige Ansprechen der Bremswirkung in der Kurve selbst schwer korrigierbar ist. So gewöhnt man sich schließlich den, Sting-Ray-Stil an – lieber vor der Kurve ganz brutal herunterbremsen und in der Kurve umso brutaler Gasgeben! Das ergibt die besten Zeiten ohne kitzlige Lenkmanöver. Man fährt mit dem bullenstarken Motor und den giftigen Bremsen und lässt sich gar nicht erst auf Lenkradzaubereien ein.

Der Sting Ray ist ein Kraftprotz. Er ist in der Ausführung, wie ich sie fuhr, überhaupt kein Amerikaner mehr, sondern eine Mischung zwischen einem Engländer, einem Modeneser und einem Vorkriegs-Untertürkheimer. Ein Auto für glasharte Männer! Auch was die Sitze betrifft, die nur so aussehen, als wären sie gut. Man sitzt sich krumm und lahm auf ihnen.

»NACH MEINEN AUFZEICHNUNGEN HAT DAS AUTO ALLEIN IN DIESER GARAGE 23 LITER BENZIN IN EINER NACHT VERBRAUCHT.«

Für Stadtfahrten ist der nicht automatisierte Sting Ray mit dem 360-PS-Einspritzmotor denkbar ungeeignet. Wenn es denn eine Steigerung von »Stadtfahren« gibt, dann heißt sie »Romfahren«. Viele Wege führen nach Rom, und weil niemand vor den Toren Roms aus seinem Auto in den Bus umsteigt, ist Rom eine hoffnungslos verstopfte Stadt. Der Verkehr in seinen Mauern gleicht einem Topf, in dem Grießbrei gerade anfängt, ins Kochen zu geraten.

Vor dem Hotel hält man in zweiter oder gar dritter Reihe, wirft rasch das Gepäck heraus und darf sich durch die zwanzig bis dreißig Fahrzeuge, die deswegen nicht weiterfahren können und ein irrsinniges Hupkonzert anstimmen, nicht irritieren lassen. Danach springt man hinter das Lenkrad und fährt los, um das Auto irgendwo zu parken. Aber selbst nach mehrmaliger Umrundung des Häuserblocks ist einem auch nicht die kleinste Parklücke vergönnt. Dann beginnt man, Hoch- und Tiefgaragen abzuklappern, bis man endlich in einer solchen einen »beweglichen« Abstellplatz findet. Das heißt, Türen offen und Schlüssel stecken lassen, weil das Auto ständig aus dem Wege geräumt werden muss. Sie ahnen wohl bereits, wie sämtliche Garagenbedienstete – und wie gern – den Sting Ray aus dem Wege räumten.

Als ich ihn abholen wollte, hörte ich ihn bereits zwei Straßenecken vor der Garage aufheulen. Nach meinen Aufzeichnungen hat das Auto allein in dieser Garage 23 Liter Benzin in einer Nacht verbraucht. Sie können nur durch die Einspritzpumpe geflossen und über den Auspuff entwichen sein, denn der Tankdeckel war gut verschlossen. Ich vermute, dass die Nachtschichtmonteure das Auto viertelstundenweise zum Hin- und Herrangieren vermietet haben. Alle Anwesenden sahen übernächtigt aus!

Eine Fahrt im Sting Ray artet gleichzeitig zu einer erfolgreichen Abmagerungskur aus, aber man darf es dem Wagen nicht zum Vorwurf machen, denn auf Wunsch ist er mit Servolenkung und automatischem Getriebe erhältlich, ebenso mit zahmeren Motoren. So ist es durchaus möglich, dass dieses abenteuerliche Auto sich wie eine brave Limousine handhaben lässt, ohne dass es sich äußerlich vom Raubtier unterscheidet. Man braucht es nur nach dem gewünschten Charakter zu bestellen. Zur Wahl stehen vier Motorstärken: 250, 300, 340 und 360 PS, und nur ausgesprochen harte Sportfahrer sollten der 360-PS-Maschine mit Benzineinspritzung den Vorzug geben. Sie ist laut und unbeherrscht. Sie stirbt im Leerlauf gern ab und zwar gerade im ungeeignetsten Augenblick. Die Kerzen verölen im Nahverkehr, und der Schaltknüppel gerät von 160 km/h an in ein angstschlotterndes Zittern. 360·PS sind halt doch eine Menge Kraft, die sich nicht mühelos und schweigend aus dem Ärmel schütteln lässt. Sie werden hörbar und fühlbar in jener Fabrik, die vorn unter der Haube sitzt.

Dennoch habe ich die Erfahrung gemacht, dass gerade diese urwüchsigen Dinge auf mitfahrende Damen einen enormen Eindruck machen. Sandra Milo rief schließlich begeistert aus: »Oh, ein Auto wie ein Mann!«

Wenn Sie ein altes Hemd, ein Halstuch, eine zerknitterte Hose, ausgetretene originelle Schuhe und blondes Haar haben, dann fehlt Ihnen nur noch ein Auto wie der Sting Ray, damit Sie Rom erobern können. Grüßen Sie mir die Via Veneto, und vergessen Sie nicht, einen Fotografen mitzunehmen. Denken Sie sich einen Namen aus, den Sie auf alles mögliche schreiben, das Ihnen Touristen aus aller Welt entgegenhalten. Sprachkenntnisse benötigen Sie nicht. Die Leute sind desto begeisterter, je weniger sie Sie verstehen. Es ist wie Fernsehen. Nur nicht so langweilig ...

KAPITEL 5

FORD TAUNUS 12 M

TAUNUS
FORD
of Germany

GUT BÜRGERLICH FÜR VIER PERSONEN: FORD TAUNUS 12 M

Neulich machte ich mir Gedanken darüber, dass es in einer Zeit, in der viele Leute viel Geld haben und die meisten Leute mehr Geld als vordem, noch immer windschiefe Würstchenbuden gibt und alte, farblose Fassaden mit einem Schild draußen: »Erbsensuppe bürgerlich, Terrine 1.- Mark«. Diese Buden und kleinen Küchen kleben oft neben oder zwischen Luxus-Restaurants und Hotelpalästen, in denen man als einfachstes Gericht der Karte so etwas bekommt, wie »Kunstflug-Tauben, russische Art, in Mehrbereichs-Olivenöl gebacken«.

Ein im Dienst ergrauter Würstchen-Budiker, der seine Hütte, heiteren Gemüts, neben einem solchen Palast betreibt, verriet mir bei einer Tasse schlichter Hühnerbrühe, dass die Herr-schaften von nebenan vor oder nach den Kunstflugtauben gern auf einen Teller Erbsen herüberkämen ...

Als ich meinen Erfahrungsschatz damit bereicherte, befasste ich mich gerade mit der Erprobung eines 1,2 Liter-Wagens. So unrund diese Zahl auch ist, so hat sie doch eine sehr entscheidende Rolle in der Motorisierung der Massen gespielt. 1,2 Liter waren vor dem Kriege auf den Straßen Europas gang und gäbe. In fast keinem Falle hatten die Motoren die Steuerung im Kopf, sondern sie machten das aus der Hüfte heraus, wie weiland Cowboys und FBI-Agenten, wenn sie ins Schwarze treffen wollten. Als man daranging, alles intensiver und komplizierter zu gestalten, kriegten auch die Motoren dickere Köpfe. Sie brummten innen so, dass man´s draußen hörte. Auch die Fußgänger merkten, dass die Ventile nicht mehr lässig aus der Hüfte bedient wurden.

Aber als feiner Mann und als Konstrukteur, der auf sich hielt, erklärte man die seiten-gesteuerten als nicht mehr gesellschaftsfähig. Heute weiß man, dass das richtig war und gar nicht anders hätte sein dürfen. Aber, der Mann in der Würstchenbude hat mich ebenso irritiert, wie die nicht totzukriegende Sehnsucht in meiner Brust nach einem Teller Erbsensuppe, die mich mein Leben lang verfolgt.

Junge, nach außen hin glückliche Ehen geraten häufig in Gefahr, weil es der

»ALS MAN DARANGING, ALLES INTENSIVER UND KOMPLIZIERTER ZU GESTALTEN, KRIEGTEN AUCH DIE MOTOREN DICKERE KÖPFE.«

TAUNUS
K-LC 964

TAUNUS
K-MP 623

Ehemann nicht lassen kann, am liebevoll gedeckten Tisch laut von der Kochkunst seiner Mutter zu träumen. Ihn mögen ähnliche Gefühle bewegen wie mich, als ich von einem Mercedes 180, der noch den seitengesteuerten 170 S-Motor hatte, in den ersten kopfgesteuerten 190 umstieg. Die Katze, die im seitengesteuerten 170 auf Sammetpfoten unter der Motorhaube herumgeisterte, hatte plötzlich Holzpantoffeln übergezogen. Ich nahm ihr das wochenlang übel. Und ich bin entgegen der Meinung weiser Leute davon nicht abzubringen, dass mit dem letzten 170 S ein ganz gewisses »Mercedes-Symptom« endgültig auslief. Fahrer, die sich

vom ersten, damals noch sechszylindrigen 170 bis zum heutigen 190 durch die Fährnisse der Zeit hindurchgeboxt haben, werden jetzt möglicherweise mit dem Kopf nicken.

Ich darf mich dafür geschmeichelt bedanken. Nun, manchmal fahre ich noch »seitengesteuert«. Aus der Reihe der wartenden Taxen wähle ich gern, mich über die Spielregeln dieses Gewerbes hinwegsetzend, einen 170 S aus. Er zieht mich mit 52 Pferden durch die Straßen, deren Hufe mit Putzlappen dick umwickelt sind. Wenn ich keinen »S« erwische, gerate ich meist an einen harten »D«, der zwei bis acht Pferde weniger aufzuweisen hat, während er dennoch »im Geschirr« wesentlich lauter ist.

So sind wir Männer ja wohl, wir trauern den alten Dingen nach und den jungen Dingern und werden das Gefühl nicht los, dass früher manches, wenn nicht gerade besser, so zumindest vernünftiger war. Ist dem nun so oder nicht?

1,2 Liter mussten es früher sein, wenn es die Familie fortzubewegen galt. Dieser Einsicht verschloss sich nicht einmal Papa Porsche. Dass man auch um ein Zehntel darunter ging und die 1,2 Liter-Wagen später mit 1,1 Liter-Motoren betrieb, tut dem Thema keinen Abbruch, denn die Klasse blieb im Grunde die gleiche. Heute kocht man allerdings Familien-Autos gemeinhin in kleineren Töpfen. Lange Zeit waren sich sehr ernste Leute ohnehin darüber einig, dass die 1,2 Liter-Klasse ausgespielt habe und dass diese Süppchen jetzt in 700 bis 850 ccm-Töpfen gekocht werden müssten. Die PS-Ausbeute bewies es, schließlich ist man in der Konstruktion der Töpfe nicht stehengeblieben. Meine Frau hat einen, in dem kocht sie, wenn sie alle Ventile richtig zugeschraubt hat, drei Gänge zugleich in nicht mehr als 10 Minuten. Aber, wenn es mir schmecken soll, dann nimmt sie sich Zeit und den

mit dem lockeren Deckel, der manchmal so lustig klappert, wenn er verheißungsvolle Düfte entweichen lässt.

Der 1,2 Liter-Wagen, von dem ich eigentlich sprechen wollte, weil ich mich zu diesem Zweck 14 Tage lang mit ihm befasst hatte, war ein typischer Fall von Erbsen, gut bürgerlich, für reichlich vier Personen. Nichts an ihm war raffiniert oder überwürzt, aber er hat mir großartig gemundet. Es war einfache Kost, wie ich sie von früher her kannte. Falls Sie es der sparsamen Illustration dieses Aufsatzes noch nicht entnehmen konnten, so will ich endlich den Deckel lüften: Es handelt sich um den seitengesteuerten Ford 12 M.

Wenn man Leuten, die etwa 5000 Mark in der Tasche haben und einen danach fragen, welches Automobil sie sich dafür kaufen sollen, den 12 M nennt, dann zeigen besonders die »Kenner« unter ihnen ein süß-saures Lächeln. »Den seitengesteuerten ...?« fragen sie mit schräggeneigtem Kopf und man hat das sichere Gefühl, dass sie sich mit der Hand in der Hosentasche an die Stirn tippen. Ich weiß nicht, warum.

Denn der 12 M holt aus 1172 ccm bei 4250 Umdrehungen 38 PS aus dem Ärmel. Der Opel 1200 neuesten Datums »mit Köpfchen« braucht für seine 40 PS schon 4400 Umdrehungen und im Übrigen genau so viel Sprit, möglichst aber Super. Der Fiat 1100, ich meine den »Neckar«, entschließt sich erst bei 4800 Umdrehungen zur Herausgabe seiner 40 PS und der Volkswagen beschränkt sich bei fast gleichem Hubraum wie der 12 M auf 30 PS bei 3400 Umdrehungen. Vergessen wir nicht den Hansa 1100, der es bei der gleichen Umdrehungszahl wie der 12 M nur auf 2 PS mehr bringt, obwohl er immerhin an die 20 Jahre jünger ist. Von den genannten nicht nur, sondern überhaupt, ist der 12 M-Motor der einzige seitengesteuerte. Und mit dem Drehmoment, also mit der »ehrlichen Kraft«, sieht es nicht anders aus.

Während der 12 M-Motor seine 7,8 mkg schon bei 2200 Umdrehungen serviert, braucht der Hansa 1100 fürs gleiche Drehmoment 550 Umdrehungen mehr, und der Neckar gibt seins von 7,2 erst bei 3200 Umdrehungen her. Der diesbezügliche Vergleich mit dem berühmten Volkswagen-Motor sieht so aus, dass der VW bei 2000 Umdrehungen 7,7 mkg abgibt, während der 12 M für seine 7,8 mkg 2200 Umdrehungen benötigt. Man könnte sagen, dass der Drehmomentwert für beide Motoren gleich ist. Aus vorstehendem Zahlenspiel geht doch eigentlich überraschenderweise hervor, dass sich der 12 M-Motor nicht im Hintertreffen befindet, auch, wenn er veraltet ist. Er hat sogar den Vorzug, geräuschärmer zu sein, als mancher kopfgesteuerte Klassenkamerad und mit einem billigeren, weil wesentlich einfacheren, Austauschmotor aufzuwarten.

Sagen Sie nun nicht, dass ich der Erfinder der Erbsensuppe sei. Man kann sich an seinem Süppchen auch gehörig die

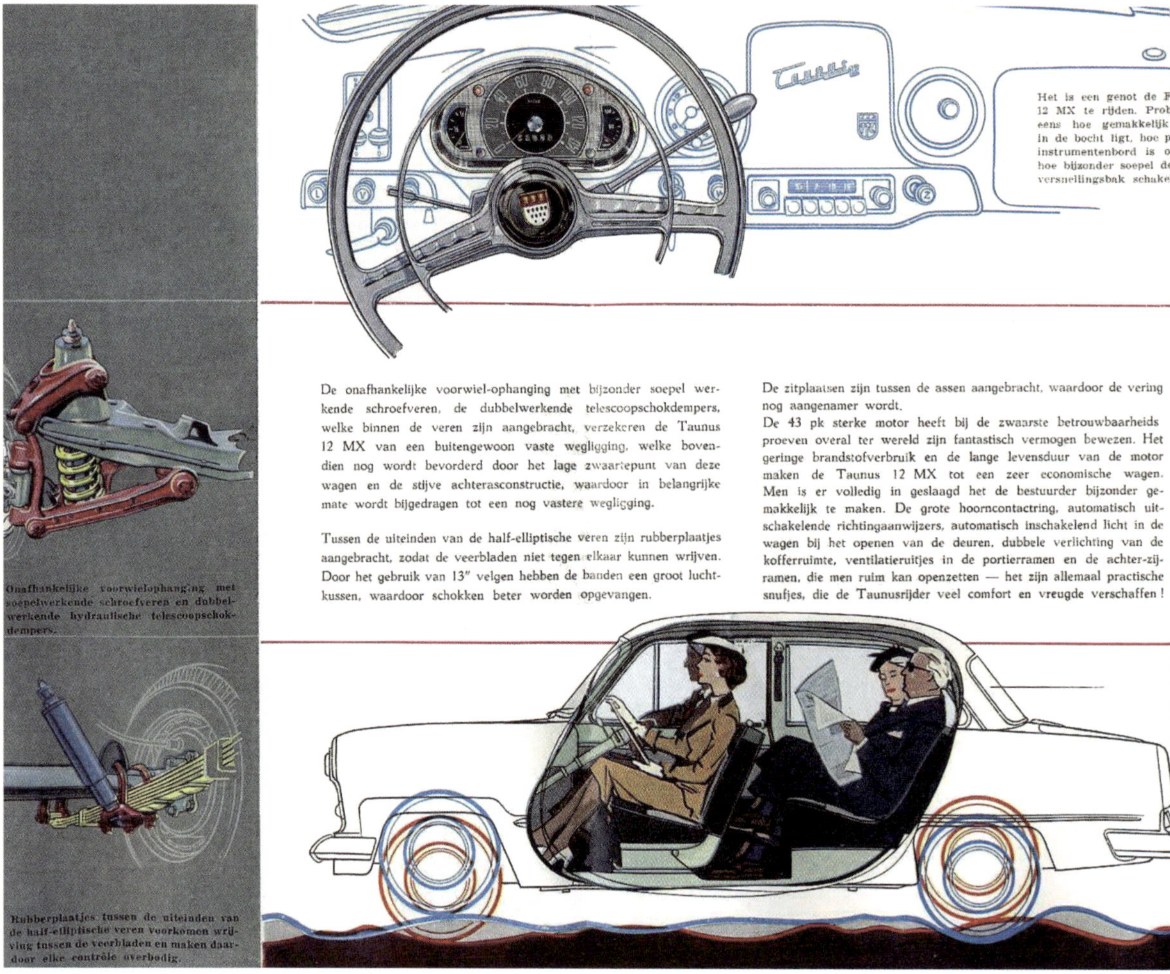

Het is een genot de F
12 MX te rijden. Prob
eens hoe gemakkelijk
in de bocht ligt, hoe p
instrumentenbord is o
hoe bijzonder soepel de
versnellingsbak schake

De onafhankelijke voorwiel-ophanging met bijzonder soepel werkende schroefveren, de dubbelwerkende telescoopschokdempers, welke binnen de veren zijn aangebracht, verzekeren de Taunus 12 MX van een buitengewoon vaste wegligging, welke bovendien nog wordt bevorderd door het lage zwaartepunt van deze wagen en de stijve achterasconstructie, waardoor in belangrijke mate wordt bijgedragen tot een nog vastere wegligging.

Tussen de uiteinden van de half-elliptische veren zijn rubberplaatjes aangebracht, zodat de veerbladen niet tegen elkaar kunnen wrijven. Door het gebruik van 13″ velgen hebben de banden een groot luchtkussen, waardoor schokken beter worden opgevangen.

De zitplaatsen zijn tussen de assen aangebracht, waardoor de vering nog aangenamer wordt.
De 43 pk sterke motor heeft bij de zwaarste betrouwbaarheids proeven overal ter wereld zijn fantastisch vermogen bewezen. Het geringe brandstofverbruik en de lange levensduur van de motor maken de Taunus 12 MX tot een zeer economische wagen. Men is er volledig in geslaagd het de bestuurder bijzonder gemakkelijk te maken. De grote hoorncontactring, automatisch uitschakelende richtingaanwijzers, automatisch inschakelend licht in de wagen bij het openen van de deuren, dubbele verlichting van de kofferruimte, ventilatieruitjes in de portierramen en de achter-zijramen, die men ruim kan openzetten — het zijn allemaal practische snufjes, die de Taunusrijder veel comfort en vreugde verschaffen!

Onafhankelijke voorwielophanging met soepelwerkende schroefveren en dubbelwerkende hydraulische telescoopschokdempers.

Rubberplaatjes tussen de uiteinden van de half-elliptische veren voorkomen wrijving tussen de veerbladen en maken daardoor elke contrôle overbodig.

Zunge verbrennen, aber wir können doch wohl hier am Familientisch mal drüber reden, ja?
Man kann mir entgegenhalten, dass alle zum Vergleich aufgeführten Motoren in ihrer Leistung steigerungsfähig sind, während man in den seitengesteuerten 12 M-Motor kaum ein PS mehr hineinbringt, weil er diesbezüglich ehrlich am Ende ist. Ich frage jedoch, welchen Vorteil hat der Besitzer eines 40 PS-Wagens von der Gewissheit, dass die Konstrukteure in seinen Motor gut und gerne noch 10 oder 15 PS hineinzaubern können. Er fährt, solange er den Wagen besitzt, schließlich doch nur mit den 40 Pferden, die ihm geliefert wurden. Von den anderen hat er nichts, also sind sie für ihn ganz ohne Interesse.
Und, was die Benzinverbräuche der genannten Wagen angeht, so kann man diese als vollkommen gleichwertig

bezeichnen. Höchstens der Volkswagen begnügt sich mit einem halben bis zu einem dreiviertel Liter weniger. Das liegt aber nicht am Motor, sondern ist das Verdienst der geringen Stirnfläche des Wagens, die aus der Käferform resultiert, die aber wiederum den nutzbaren Innenraum unerfreulich beschneidet. Man würde es sich gern 30 bis 50 Pfennige auf hundert Kilometer mehr kosten lassen, wenn man dafür in einem geräumigen VW sitzen könnte.

Und damit wären wir sozusagen der Erbsensuppe erst auf den Grund geraten. Denn »für reichlich vier Personen« kann man die kleineren Menüs unter 1000 ccm meistens nicht verwenden. Reichlich vier Personen, das bedeutet eben, dass vier Erwachsene und zur Not auch ein unverhoffter Gast satt werden können, Verzeihung, Platz finden können für sich und ein angemessenes Gepäck. Der erstaunliche 12 M, für viele nichts anderes als ein uralter Hut, erwies sich während der 1000 Kilometer, die ich mit ihm verbrachte, als ein durchaus modernes Automobil. Es beschleunigte etwas besser als ein VW und nur um ein winziges schlechter als ein »Neckar«, lief kraftvoll und doch geräuscharm, begnügte sich trotz munterer Fahrweise mit knapp 9 Liter Normalbenzin, bot reichlich viel Innen- und Gepäckraum und einen erfreulichen Anblick. Selten bekommt man Zweckmäßigkeit so nett serviert.

Im Grunde genommen wurde er doch, was seine Eingeweide betrifft, im gleichen Jahre geboren wie der

»SELTEN BEKOMMT MAN ZWECKMÄSSIGKEIT SO NETT SERVIERT.«

Volkswagen. Aber er hat die Mühe nicht gescheut, sich im Laufe seines Lebens ein paarmal umzuziehen. Er steht heute in einem gefälligen, recht geräumigen Anzug vor uns, den die meisten von uns sympathisch finden. Dass sein altes Herz jung geblieben ist und manchem wesentlich jüngeren in der alltäglichen Leistung nicht nachsteht, dürfte unbestritten sein.

Die Lebenserwartung eines 12 M-Motors ist außer der des auf 3400 Umdrehungen gedrosselten VW-Motors nicht kürzer als die der anderen genannten Maschinen.

Alles in allem möchte ich bewiesen haben, dass sich auch heute nichts gegen einen guten Teller Erbsensuppe sagen lässt. Manch einem wird sie sogar besser bekommen, als Kunstflugtauben in Mehrbereichs-Olivenöl.

Das alles ahnte ich nicht, als ich mich vor einigen Wochen das erste Mal in einen 12 M setzte. Ich hatte ihn nur immer fahren sehen, ohne über ihn nachzudenken. Aber, wenn ich so richtig darüber nachdenke, komme ich zu dem Schluss, dass man, je mehr man denkt, um so denkwürdigere Feststehlungen machen kann.

KAPITEL 6

HILLMAN MINX

OFFENER VIERSITZER MARKE EVERGREEN: HILLMAN MINX

Ja, er ist ein Evergreen – die Leute sagen, er sei ein Hillman-Minx, für mich ist er ein Evergreen.

Ein Evergreen ist ein Auto, hinter dessen Knüppel mir die Schlager aus den endzwanziger Jahren in den Sinn kommen. Vom »Armen Gigolo« über »Die Nacht in Monte Carlo« bis zum »Weißen Flieder«, erklingen in mir, gesungen von Stimmen und gespielt von Orchestern, die längst verwittert sind.

Ein Evergreen ist ein Auto, das offen ist oder zumindest ganz aufzumachen geht, und das nach Lack, Leder, Öl und Gummi riecht – so deutlich wie ein nasser Hund nach nassem Hund. Ein Auto, das mich dazu zwingt, mir eine jener weißleinenen Autokappen über das Haupt zu stülpen, die so vergilbt sind, dass meine Frau schon ein dutzendmal Putzlappen aus ihnen machen wollte.

Es tut mir beinahe leid, dass es schon wieder ein Engländer ist, an den ich über zweitausend Kilometer mein Herz verlor. Aber, sagen Sie selbst – ist es meine Schuld? Früher bauten auch die deutschen Automobilfabriken außer ihren gängigen Limousinen noch vom gleichen Typ ein Cabriolet, einen ganz offenen Vier- und einen ebenso offenen Zweisitzer und gegebenenfalls auch noch eine Cabrio-Limousine. Und eine Familie beriet lange, welche Karosserieausführung sie nehmen sollte. Heute geht der Streit nur um die Farbe, ob Kongo-Schwarz oder Asphalt-Blau – eine Limousine ist es ohnehin, eine von der Stange ... Fotografien des Straßenverkehrs der dreißiger Jahre beweisen, dass die Limousine damals nicht, wie heute, das Straßenbild beherrschte. Dass früher die Sommer sonniger waren, ist statistisch widerlegt, in unserer Erinnerung scheint immer die Sonne, und das sommersprossige Mädchen, das uns den ersten Kuss abnahm, sieht aus wie die Bardot ... Nein, die Sommer waren wie eh und je, nur – wir selbst hatten ein sonnigeres Gemüt, das ist es!

> **»EIN EVERGREEN IST EIN AUTO, DAS OFFEN IST ODER ZUMINDEST GANZ AUFZUMACHEN GEHT, UND DAS NACH LACK, LEDER, ÖL UND GUMMI RIECHT – SO DEUTLICH WIE EIN NASSER HUND NACH NASSEM HUND.«**

MINX DE LUXE SALOON

Een sierlijke vlotte lijn en smaakvolle kleuren-combinaties maken deze fraaie nieuwe Hillman modellen bijzonder aantrekkelijk.
Zij bieden U thans nog meer comfort, een ruimer uitzicht naar alle zijden . . . een hoger motor-rendement . . . grotere veiligheid en dit alles gepaard aan grotere zuinigheid en prima afwerking, welke als steeds het kenmerk is van deze voortreffelijke engelse klassewagen.
De vering is onder alle omstandigheden soepel; de motor loopt geruisloos, terwijl de wagen zeer wendbaar en licht bestuurbaar is. Met deze sterkere motor werden tevens grotere remmen toegepast, om de veiligheid van bestuurder en inzittenden te waarborgen.

Banden met witte zijvlakken, bumperrozetten en verchroomde wielringen zijn tegen bijbetaling als extra accessoires te leveren.

4 AANTREKKELIJKE NIEUWE HILLMAN MODELLEN

MINX SPECIAL SALOON

Eenvoudiger van uitvoering dan de luxe saloon, doch met dezelfde uitstekende technische specificatie als deze. Lager in prijs, is deze 4-deurs wagen een zeer aantrekkelijke propositie.

MINX CONVERTIBLE

Dit is de wagen welke U 3 mogelijkheden biedt:

- Met de kap geheel gesloten is het een comfortabele Saloon.
- Met de kap half open heeft U een elegante „Coupé de Ville".
- Bij mooi weer kan de kap geheel neergelaten worden, zoals boven afgebeeld en heeft U een vlotte open sportwagen.

HILLMAN STATION WAGON

Een wagen met een 2-voudig doel: een luxueus uitgevoerde 4-persoons saloon met ruimte voor 180 kg bagage, of in een oogwenk omgetoverd tot een sterke, betrouwbare transportwagen met een laadvermogen van 2 personen en 330 kg vracht.

een HILLMAN doet het ALTIJD BETER!

Heute drücken wir unseren Individualismus durch einen Biberschwanz aus, den wir an der Antenne befestigen. Die weißleinene Autokappe, früher fester Bestandteil jeder einschlägigen Schaufensterauslage (auch bei Woolworth in vielen Ausführungen zu haben), muss man heute suchen. Das jüngere Verkaufspersonal blickt einen mit misstrauisch schräg geneigtem Auge an, als hätte man ein Stückchen SA-Uniform verlangt ...Wir haben uns in die klimatisierten Limousinen verkrochen, nicht nur körperlich, sondern auch geistig. Eines Tages werden wir wahrscheinlich bestürzt feststellen, dass gewissen Völkern das Fahren auf dem offenen Esel besser bekommen ist. Dann werden wir so degeneriert sein, dass wir, wenn diese die Tür zum Abendland aufstoßen, weiter nichts zu sagen vermögen, als: »Huch – es zieht!«

Derweil baut unsere Automobil-Industrie nicht mehr mit dem Herzen, sondern nur noch nach dem Rechenschieber, denn die Auflage muss es machen. Früher verwöhnte sie ihre Kunden noch mit Aufbauten (ich weiß, dass uns dazu heute das Chassis fehlt), aber heute?

Nur die Engländer leben noch ein bisschen in jener Zeit. Ihre Autos haben zwar auch das Chassis verloren, aber sie machen trotzdem Cabriolets daraus – und mit derselben Unbekümmertheit, mit der sie im Limousinen-Zeitalter Sportwagen bauen, in die es reinregnet, verkaufen sie diese Dinger auch noch mit dem allergrößten Erfolg!

Das hat, außer unseren Automobil-Industriellen schon manche Leute nachdenklich gestimmt. Die Engländer müssen Rechenschieber haben, die nachgehen – oder haben sie, zumindest in Bezug auf Automobile, noch ein bisschen Herz?

Denn Herz hatten die Leute von 1928, die mit ihrem offenen zweisitzigen Willys-Overland, ihrem offenen 4/16er Opel oder ihrem offenen viersitzigen Brennabor um die Gedächtniskirche rumfuhren, ihr Auto gegenüber abstellten und in das Romanische Café gingen, um dort ihrem Mädchen mit den blauen Augenschatten den Schlager ins Ohr zu summen: »Zwei dunkle Augen, zwei Eier im Glas, ein bißchen Herzblut mit Rum ...«

Das ist so ein Text von damals, für den wir heute den schönen Reim haben: »Hick, he, rum, hup-hup ... « Jede Zeit hat ihre Produkte, sehen Sie, und damals waren sogar die Automobilfabrikanten noch ein klein wenig sentimental – und das stand ihnen und ihren Autos großartig!

Ich freue mich über jeden Evergreen, der heute noch vom Band rollt und zolle seinem Schöpfer Respekt.

Die britische Rootes-Group zum Beispiel macht den Hillman-Minx. Sie macht ihn als Standard- und als Luxuslimousine, als Liefer- und als Kombiwagen und als viersitziges Cabriolet, das ich demonstrativ einen »offenen Viersitzer« nennen möchte. Es ist ein offener Viersitzer mit einem 1,5 Liter 54 PS-Motor (also ein richtiges Auto!) zu einem Preis von rd. 8500,- DM.

Das ist gut so. Nein, das ist ein Segen! Denn, wir hätten sonst unter 10 000,- DM (das ist nun mal die Kragenweite der meisten von uns) nur das Volkswagen-Cabriolet zum offenen, viersitzigen Fahren. Möge es uns erhalten bleiben! Aber ein kräftiges, anderthalblitriges, offen zu fahrendes viersitziges Auto hätten wir zu erschwinglichem Preis nicht! Wussten Sie das eigentlich? So arm sind wir geworden. Stellen Sie sich nun mal (aus Jux) vor, was ein viersitziges Isabella-Cabriolet (das ist die Klasse des Hillman-Minx) kosten würde?! Haben Sie sich wieder beruhigt? Dann wollen wir zur Sache kommen.

Offen ist der Minx im wahrsten Sinne des Wortes, es bleibt nämlich nichts übrig oberhalb der Gürtellinie, wenn man das Minx-Verdeck auf- und heruntergeklappt hat. Es wird versenkt, vergraben, versteckt – so, dass die gute alte offene Badewanne entsteht, die, mit vier Rädern und wehenden Kotflügeln versehen, einst die Standard-Form unserer Automobile war.

Und selbst, wenn man das Verdeck oben hat, ist der Minx immer noch offen genug, um ein bisschen Wind, ein bisschen Wasser und eben so viel Staub hereinzulassen – ist das nicht herrlich?

Nein? Dann lesen Sie bitte nicht weiter – ich schreibe diese Geschichten für Männer, die Pfeife rauchen! Manche, das weiß ich wohl, rauchen rein äußerlich eine Filterzigarette, aber seelisch rauchen sie Pfeife, und für die schreibe ich auch!

Das sind jene Männer, die nur ihrem Beruf und ihrer Frau zuliebe eine Bügelfalte am Bein und eine Krawatte um den

Hals tragen. Die sollten Sie mal sehen, wenn sie keiner sieht – dann tragen sie acht Wochen lang dasselbe Hemd, kommen während dieser Zeit mit einer einzigen Rasierklinge aus und mit einer Krawatte (mit der sie den Reservekanister festbinden, der im Kofferraum ihres Wagens zum Böllern neigt!).

Diese Männer mögen weiterlesen.

Der Minx hat keine Lichthupe, aber ein Signalhorn wie ein Postomnibus aus den dreißiger Jahren! Damit kommt man schon durch. Außer diesem beachtlichen Organ hat er noch eine geniale Gepäckablage, die über den Beinen der Vornsitzenden quer durch den ganzen Wagen geht. Wenn sich die Deutschen schon nicht entschließen können, das ganze Cabriolet nachzumachen, dann sollten sie wenigstens diese Gepäckablage übernehmen, falls es ihnen an eigenen Ideen auch weiterhin gebricht. Und was hat der Minx noch?

Einen Motor, einen großartigen Motor! Wenn Sie einen Landsmann nach einem guten 1,5 Liter-Motor fragen, dann verdreht er die Augen wie einer, dem ein Sahnetörtchen auf der Zunge zergeht und nennt Ihnen mit der gleichen Inbrunst, mit der er die Messwerte der Lollobrigida ausplaudern würde, den Motor des Opel Rekord.

Mit diesem ist der Biertisch-Horizont unseres Herrn Jedermann zu Ende. Er bezweifelt es ernstlich, dass es irgendwo in Europa etwas Ähnliches geben könnte. Der Ölverbrauch des Minx-Motors ist sehr minimal. Und es beginnt eigentlich damit, dass man das Gefühl hat, ein Zweilitermotor säße hinterm Gaspedal, so elastisch, leise, katzenhaft-kraftvoll und geduldig wie ein Maulesel ist dieser Motor. Die 54 PS serviert er einem ohne zu klagen und ist dabei genügsam wie ein Haflinger. Neun Liter Super sind ehrlicher Straßenverbrauch, nur, wenn man sehr viel Pfeffer im Hintern hat, muss man noch einen Liter dazu- gießen. Der Motor hat mich sehr nachdenklich ge¬stimmt. Er ist weithin unbekannt und doch viel besser als mancher Bestseller. Auch er ist ein Evergreen, wie mir scheint.

Man findet ihn in den Hillman und den Singer und den Sunbeam wieder – und mehr PS machen ihm ebenfalls nichts aus. Bei Rootes herrscht, wie bei BMC, die schöne und nützliche Sitte, um einen einzigen Motor zehn verschiedene Automobile herumzubauen. Es leuchtet mir ein, dass man dazu nicht den schlechtesten nimmt. Und deshalb sollten Sie mir glauben, dass er gut ist. Die löbliche Rationalisierung trotz der Typenvielfalt (erst, wenn Sie über diesen Widerspruch sehr lange nachgedacht haben, werden Sie erkennen, dass es keiner ist) macht wohl auch das Cabriolet so – verhältnismäßig – billig. Es kostet so viel, wie ein offener Ghia (VW) oder eine Floride (Dauphine). Zoll und Fracht eingerechnet. Ich spüre förmlich, dass Sie es jetzt erst billig finden.

Alles an ihm ist robust, von sachlicher Technik, es gibt keine Kinkerlitzchen aus Spielzeugblech. Das Armaturenbrett mit seinen Hebeln und Instrumenten könnte gut und gerne dreißig Jahre alt sein.

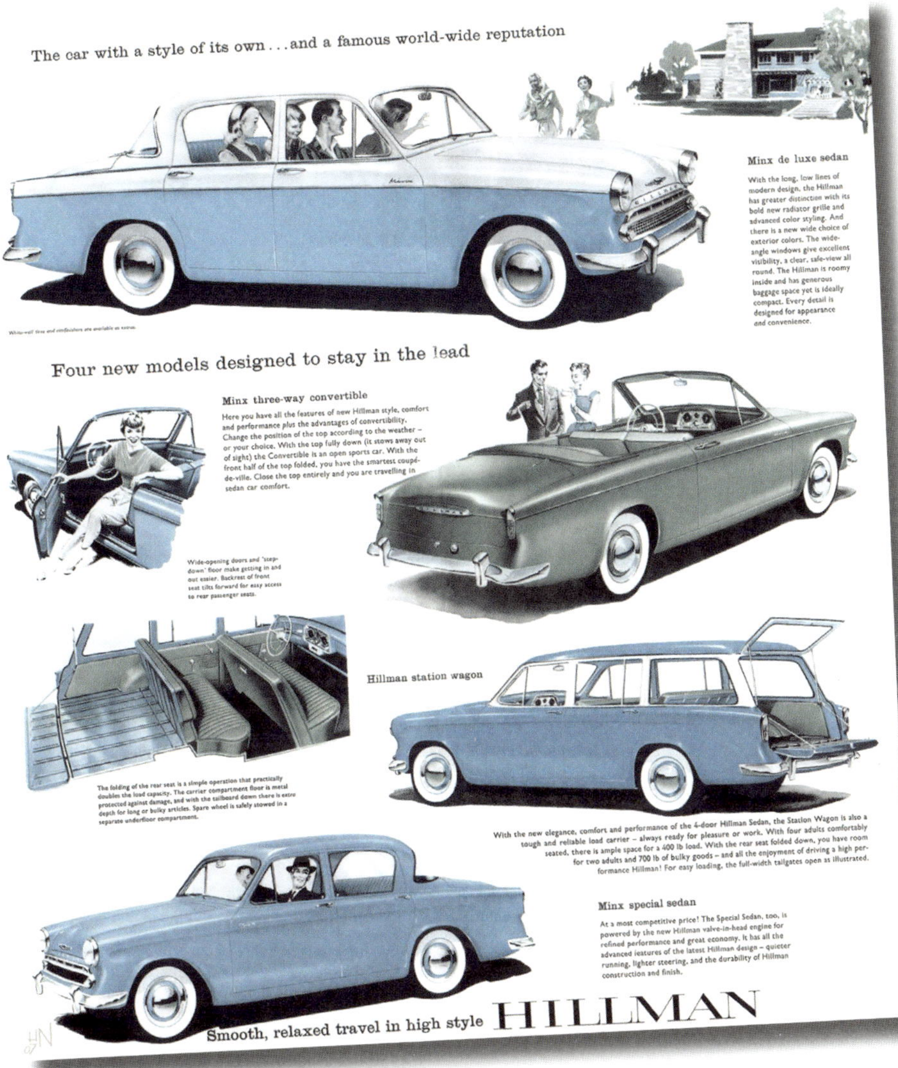

Auch, wenn man das Lenkrad (es hat keine versenkte Nabe) in die Hand nimmt, die Sitzposition begutachtet (sie ist keineswegs optimal) und am Schaltknüppel rührt, hat man das Gefühl, in einem der alten, großen Cabriolets zu sitzen, die es nicht mehr gibt. Man weiß nicht recht, warum das so ist, aber, es ist so. Dass man die Beine nicht richtig ausstrecken kann, dass der Fuß dauernd vom Gaspedal rutscht, weil er nirgends einen Halt findet, das ist schon wahr. Und beim Öffnen und Schließen des Verdecks klemmt man sich mal diesen und mal jenen Finger ein, das stimmt schon – aber, blättern wir mal in der Betriebsanleitung: »Es ist ratsam«, so lesen wir da, »den ersten Gang gelegentlich zu verwenden, damit dieser nicht infolge Nichtgebrauchs seine Geschmeidigkeit verliert!«

Pfeifenraucher, haltet Euer morsches Hemd zusammen, damit es Euch nicht vom Leibe fällt! Solche Autos gibt es noch – man fährt mit allerhöchster Erlaubnis im zweiten an! Und hat man, da man die Wahl hat, statt der Lenkradschaltung den Mittel-Schalthebel genommen, wird man schon vom Getriebe her in schönere Zeiten zurückversetzt. Auf den kurzen, dicken Knüppel fällt die Hand zwangsläufig, wenn man das Lenkrad loslässt – und nicht, wie Gegner des Mittel-Schalthebels behaupten, auf das Knie der Beifahrerin. Das ist eine Legende, und mir persönlich tun die Männer leid, die einen Schalthebel als Vorwand benötigen. Wenn schon, dann sollten sie Tempo-Wiking fahren, den alten, bei dem sich der Reservebenzinhahn zwischen den Beinen der Beifahrerin befindet ...

Zur Sache, der erste Gang, den man nur ab und zu betätigen soll, ist so klein, dass man ihn wirklich selten braucht. Etwa beim Anfahren mit voll belastetem Wagen mitten in der Turracher Höhe oder beim Besteigen des Zirler Berges von Zirl aus mit angehängtem Wohnwagen oder auf der Suche nach einem Platz zum Campen, Fischen oder Jagen, auf was es auch sei – kurz, in den Situationen, in denen wir uns schon immer bei unserer Konfektionslimousine einen Geländegang gewünscht haben.

Der Minx hat ihn. Deshalb ist er keine ausgesprochene Zugmaschine, sondern in seinen übrigen drei Vorwärtsgängen sogar ein äußerst munteres Minxchen. Offen fahrend, kommt man ohne weiteres auf 120 km/h, der Wagen macht dabei

2000
GMC

so wenig Lärm, wie es eine geschlossene Limousine mit ausgestellten Belüftungsflügeln nie und nimmer zuwege bringt. Man meint, der Fahrwind hätte Flaute. Er knallt und fleddert nicht und beißt einen auch nicht von hinten ins Genick, er zieht einfach ab und weg ist er. Das voll versenkte Verdeck zahlt sich hier aus, im Gegensatz zu den Cabriolets, die ihr Verdeck im geöffneten Zustand hinten hochstapeln. Das ist zwar ein immergrüner Anblick, bei dem mir das Wasser im Munde gerinnt, aber praktisch oder richtig ist das keinesfalls, denn in solchen Cabriolets kriegt man Nackenschläge, Ohrfeigen und Rheumatismus nach Noten ...

Eben drum nenne ich den ganz offenen Minx einen »offenen Wagen«, das ist er so echt und wahr, wie einer von damals mit einem »Allwetterverdeck«. So hießen sie doch, die guten alten Steilwandzelte, die man über der Gürtellinie seines Wagens errichten konnte, wenn die Witterung dies ratsam erscheinen ließ. Zwei bis drei beherzte Männer waren dazu erforderlich, und wenn sie endlich alles aufgerichtet, eingeklinkt, festgeschraubt, die zerkratzten Zelluloid-Seitenscheiben eingesteckt hatten und wieder im Wagen saßen, kam für den Rest des Tages die Sonne durch.

»AUF DEN KURZEN, DICKEN KNÜPPEL FÄLLT DIE HAND ZWANGSLÄUFIG, WENN MAN DAS LENKRAD LOSLÄSST – UND NICHT, WIE GEGNER DES MITTELSCHALTHEBELS BEHAUPTEN, AUF DAS KNIE DER BEIFAHRERIN.«

Aber, was für Männer, denen das nichts ausmachte und die schon ihren nächsten Wagen bestellt hatten, der ebenfalls offen war, obwohl es nun auch zum gleichen Preis eine Limousine gab! Heute warte ich nur immer darauf, dass auf irgendeinem Reitturnier das Pferd mit Hardtop vorgestellt wird, es kann eigentlich nicht mehr lange dauern.

Was mich am Test-Minx allerdings verdross, war die Geräuschentwicklung des Aufbaues (nicht des vorbildlich besänftigten Fahrwerks!) die gar nicht evergreen war, denn die offenen Wagen von damals klapperten nicht halb so laut mit Türen und Gestängen, Riegeln und Fensterrahmen – aber ich gebe zu, dass ein solches Cabriolet, das als Testwagen von Hand zu Hand geht, keine sehr glückliche Jugend hat.

Auf glatter Straße summte alles so englisch vornehm, aber auf unwirschem Pflaster lärmte es wie eine Musik-Box.

Das Fahrwerk selbst allerdings entspricht vollauf den Vorstellungen, die man von einem englischen Auto hat. Es ist in allen, oder sagen wir in den meisten, Situationen beherrscht, gelassen, und seine verhältnismäßig simple Starrachse trägt es mit Würde, dass sie noch nicht von einer moderneren Konzeption abgelöst wurde. Man kann eine Menge mit diesem Wagen aufstellen, eine Menge, die absolut ausreicht, um die Freude zu genießen, die einem dieser gutaussehende, traditionsbewusste Engländer bietet.

Mit ganz nüchternen Augen darf man auch dieses Auto, wie jedes sportlich veranlagte, nicht betrachten. Es gibt Konfektions-Limousinen, die komfortabler sind. Aber es gibt kein viersitzig – offenes, anderthalblitriges, ernst zu nehmendes Auto zu diesem Preis – bei uns schon gar nicht!

Und eben deshalb habe ich es mal gefahren. Auf meinen Wegen begegnete mir ein Däne mit einem nicht nur ever-, sondern auch außenherum grünen, alten, hochbeinigen, offenen Viersitzer. Ich vermute, dass es ein Oldsmobile war.

Der Däne trug eine weißleinene Autokappe, wie ich, und er winkte mir zu – und gleichzeitig ließen wir unsere Omnibus-Hupen erschallen und lachten einander an. Er fuhr nach Norden und ich nach Süden. Ich summte das Lied vom Leutnant, der einst bei den Husaren war – nun wissen Sie, was ein Evergreen ist …

KAPITEL 7

MERCEDES 600 LANG

EINEN LÄNG'REN FINDST DU NICHT: MERCEDES 600 LANG

In dieser Folge der Traumwagenserie beschäftigt sich B. Busch mit dem superlangen Mercedes 600. Dieser Wagen wurde für Könige, Präsidenten und Minister entworfen. Busch benahm sich so, als wäre er einer.

Mit Bedacht und jener Umständlichkeit, die den Genuss erhöht, zünde ich mir eine kubanische Importe an, ohne jedoch die Beine vom gegenüberliegenden Polstersessel zu nehmen. Ich lehne mich in die Polster und blicke dem blauen Rauch nach, der zur Decke strebt. Auf halbem Wege wird er von unsichtbarer Hand zerteilt und hinter meinem Rücken aus dem Raum geleitet.

Nur ein Hauch bleibt zurück, als wäre soeben Kanzler Erhard auf sanften Schwingen durch den Raum geschwebt. Dann nehme ich die Zeitung wieder auf, tippe mit dem linken, unbeschuhten Fuß gegen den Radioknopf und frage nach vorn: »Wie schnell fahren wir?« Otto Penika nimmt den Kopf leicht zur Seite, so wie er es mit Ajub Khan, de Gaulle, John F. Kennedy oder dem Schah im Rücken getan haben mag, und sagt: »Einhundertachtzig.« Dann ist es wieder still im Raum, nur ein leichtes Säuseln ist um mich. Es ist ein unaufdringliches Geräusch, das man für absolute Stille halten könnte.

»Bitte, gehen Sie mal auf zweihundert!« sage ich nach einem leichten Räuspern und nehme die Zeitung wieder vor die

S-VX 6

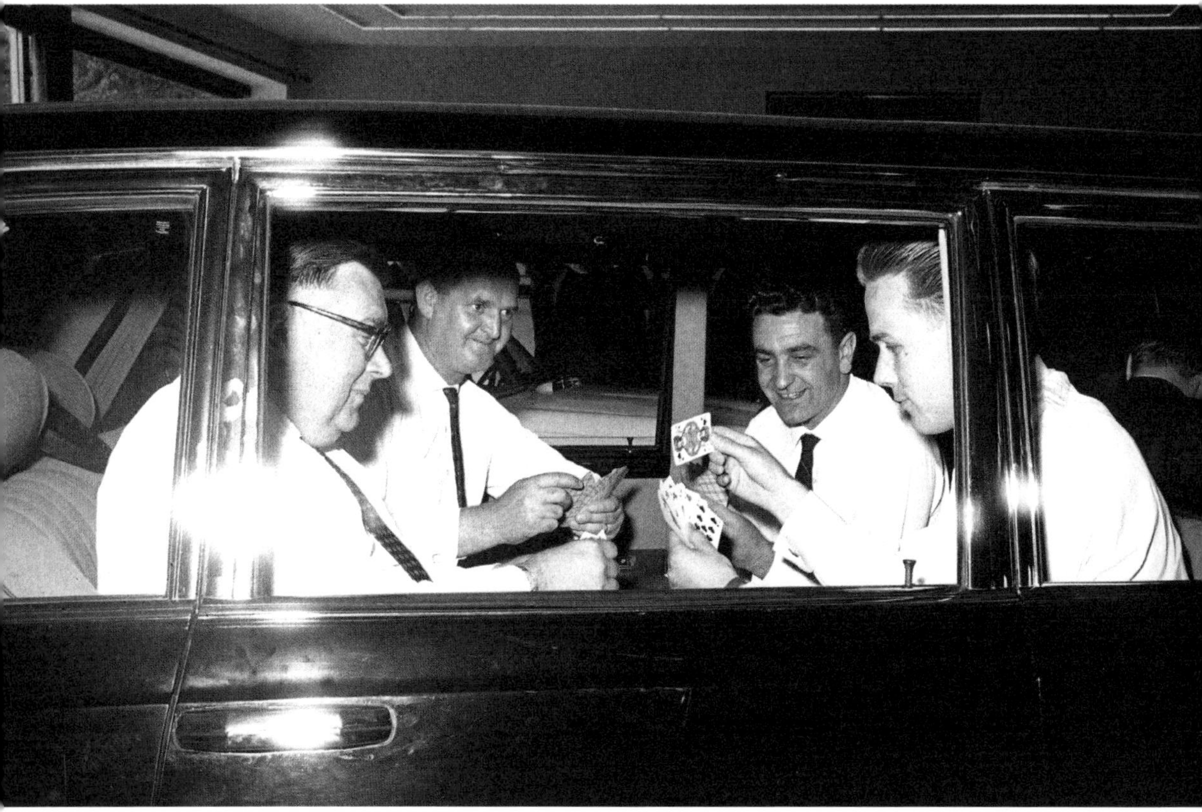

Nase. Berliner Mauer – schon wieder ein Bankraub – Vorbereitungen für Innsbruck ...

Ich lese ein paar Zeilen, dann höre ich Staatsbesuchs-Chauffeur Penika sagen: »Zweihundert« – und es klingt, als sage er: »Es ist angerichtet, Sir!« Ich nehme die Zeitung wieder aus meinem Gesichtsfeld heraus und blicke nach vorn. Die Autobahn ist nur schwach belebt, und wir scheinen zu schweben. »Schweben wir, Penika?« – »Nein, wir fahren kurz vor Vollgas.« – »Danke, Penika!«

Er sitzt gelassen da, wie ein Schalterbeamter, der auf den nächsten Kunden wartet. Und wir streben mit zweihundert unserem Ziel entgegen.

Mein Blick fällt auf die Bar. Sie ist geschlossen wie jede gute Bar um die frühe Nachmittagsstunde, aber ich brauche sie ja nur zu öffnen. Ich lasse meine Finger über die verchromten Tasten gleiten, die in der Armlehne der Tür eingelassen sind, erfühle die richtige und drücke sie nieder. Mein Sitz beginnt, mit mir nach vorn zu wandern, bis kurz vor die Bar. Da lasse ich den Knopf los, verbeuge mich leicht und öffne die Edelholztür. Wie wär's mit einem Whisky, mein Lieber? Oder einem Wodka? Diese

Russen – die neue Chruschtschow-Note. Nein! Also – Whisky! Ich fülle mir ein Gläschen ...

In diesem Augenblick höre ich Penika sagen: »Karlsruhe!« Aha, Karlsruhe – es flog soeben vorüber. Es ist nett von ihm, dass er ab und zu die Stationen ausruft – eben kam ich mir noch vor wie in Ulm. Wir scheinen auf einer Schiene aus Schaumgummi zu gleiten.

Es ist absolut sicher, dass niemand jemals ein solches Auto besaß oder fuhr, und ich weiß zuverlässig, dass weder Nikita Chruschtschow, noch der amerikanische Präsident, noch die britische Königin, noch Ibn Saud oder Onassis ein besseres Fortbewegungsmittel zu Lande besitzen. Ich bin weit davon entfernt, mich vor seiner äußeren Größe oder dem Stern auf seinem Kühler zu verneigen. Es ist vielmehr seine brillante und nahezu vollkommene Technik, die mich in die Knie zwingt. Und auf nichts habe ich seit Jahren sehnsüchtiger gewartet als auf eine solche Niederlage.

Ich habe Cadillac, Lincoln und Rolls-Royce gefahren, und die Daten der sowjetischen und chinesischen Staatslimousinen sind mir ungefähr bekannt. Ich fuhr zweihundert und mehr in einem Jaguar, einem Maserati, Ferrari und einem Sting Ray – aber noch nie waren es solche zweihundert, die sich anfühlen, als wären sie zu mir ins Schlafzimmer gekommen und hätten mich mitsamt dem Bett entführt. Dabei ist das Auto so lang wie ein mittlerer Omnibus und wiegt zwei und eine halbe Tonne. Aber in den schnellen Sportwagen sitzt man ab hundertachtzig doch

»ICH FUHR ZWEIHUNDERT UND MEHR IN EINEM JAGUAR, EINEM MASERATI, FERRARI UND EINEM STING RAY – ABER NOCH NIE WAREN ES SOLCHE ZWEIHUNDERT, DIE SICH ANFÜHLEN, ALS WÄREN SIE ZU MIR INS SCHLAFZIMMER GEKOMMEN UND HÄTTEN MICH MITSAMT DEM BETT ENTFÜHRT.«

mehr oder weniger wie ein hypnotisiertes Kaninchen hinterm Volant, bereit, jedem dieser Renner anzukreiden, dass sie nicht nur Geld, sondern auch Nerven kosten.

Die gewaltigen amerikanischen Limousinen mit ihren wunderbaren, großvolumigen Motoren geraten ab hundertfünfzig, hundertsechzig ins Vibrieren und ins Schwimmen, so wie eine irritierte Kompassnadel, während man sich vor einer Notbremsung fürchtet. Der Rolls-Royce befindet sich ab hundertsechzig im Zustand eines zu schnell bewegten Omnibusses – was man ihm weiter nicht nachtragen sollte, weil er für repräsentativeres Fahren gebaut ist.

In einem Cadillac oder Lincoln fährt man komfortabel, weich und leise, vollklimatisiert und von Unmengen geformten Blechs umgeben. In einem Rolls-Royce fährt man distinguiert, sehr gelassen, wie in einem Tresor geborgen, der die Außenwelt diskret von einem fernhält. In einem jener teuren und superschnellen Sportwagen fährt man sicher, rasant und im beruhigenden Bewusstsein großer Kraft- und Bremsreserven. Aber im Mercedes »600« fährt man wie in einem Cadillac und Lincoln, wie in einem Rolls-Royce und außerdem noch wie in einem jener sündhaft teuren Sportwagen! Es ist eine Mischung, wie es sie bisher nicht gab.

Auch die größten und finstersten Diktatoren konnten sich ihrer noch nicht bedienen. Und bis zur Stunde ist noch keines der regierenden Häupter unserer Erde ihren Genuss gelangt. Penika, der Mann, der sie fahren wird, wenn sie unserem Lande einen Staatsbesuch abstatten, fährt zunächst einmal mich. Ich habe mir extra eine neue Krawatte, einen Schirm und einen schwarzen Hut gekauft. Ich möchte ganz genau wissen, wie es ist, wenn man in einer Staatskarosse fährt. Ich muss meine Lachmuskeln arg beherrschen, wenn die Hotelboys den Wagenschlag aufreißen, Penika andächtig seine Mütze vor die Brust nimmt und

S-RV 686

eine Frau im Publikum zu einem Mann im grünen Mantel sagt: »So jung – und schon Minister!« Ich habe es noch im Ohr, es klang beinahe vorwurfsvoll ...
Der »gewöhnliche« Rolls-Royce, der Silver Cloud III, ist 86 Zentimeter und selbst der große RR-»Phantom« noch zwanzig Zentimeter kürzer. Der Cadillac Fleetwood – und das ist schon ein Schiff – ist 58 Zentimeter und der Cadillac »mit langem Radstand als Repräsentationsfahrzeug« sechs Zentimeter kürzer als der lange Mercedes. Der misst nämlich von vorn bis hinten 6,24 Meter, und das ist so viel wie drei Betten hintereinander und noch ein Stuhl dazu. Trotz dieser respektablen Länge ist er 24 Zentimeter niedriger als ein Rolls-Royce-»Phantom« und nur einen Zentimeter höher als der kleine VW. Diese Proportionen lassen

kaum ein schönes Auto erwarten; es wird immer so aussehen, als wäre es unter die Dampfwalze geraten. Drum wirft man den Daimler-Benz-Leuten auch vor, sie hätten mit der Höhe unverantwortlich gegeizt, ein höherer »600« mit mehr Kopf- und Hut-heben.

Es ist ein gewaltiges Gefühl! Selbst wenn, wie in meinem Fall, der Jubel nur gedämpft war. Die Leute wussten offenbar nichts Rechtes mit mir anzufangen, obwohl ich bedingungslos bereit war, ihnen absolute Steuerfreiheit, die 24-Stunden-Woche und notfalls auch die Mehr-Ehe zu versprechen. Verstimmt nahm ich wieder Platz, schloss das Dach und nahm mir fest vor, kein Politiker zu werden. Spätestens in diesem Moment hätte die Menge in dankbaren Jubel ausbrechen müssen – aber die Menschen

»ANSTELLE DER BAR LIESSE SICH EIN WAFFEN-SCHRANK FÜR VIER MASCHINENPISTO-LEN UND EIN HALBES DUTZEND HAND-GRANATEN UNTER-BRINGEN.«

sind nun mal zu allen Zeiten undankbar gewesen. Abgesehen vom Parken braucht man keinen Zoll der Überlänge zu bereuen, denn in einem jeden steckt irgendeine Überraschung, ein technischer Leckerbissen. Die genialen Lösungen drängeln sich unter dem ein wenig zu eckig und zu langweilig geformten Blech dieses Wagens wie Sardinen in der Büchse. Und jene Kritiker, die den »Großen Mercedes« nur vom oberflächlichen Hingucken her beurteilten und seinen größten Vorzug darin zu sehen glaubten, dass er fast ohne Umbau für das Bestattungsgewerbe geeignet sei, haben einiges versäumt. Hätten sie den Sargdeckel einmal gelüftet, dann wäre ihnen eine verwunschene Prinzessin um den Hals gefallen.

Sie können mich mit dem »600« vierundzwanzig Stunden lang in eine Garage einschließen (vorausgesetzt, dass Sie eine für ihn finden) – und ich werde mich nicht langweilen. Es ist sogar möglich, dass ich noch nicht einmal beim Heck angelangt bin, wenn Sie die Garage nach dieser Frist wieder öffnen. Dieses Auto ist ein Fortsetzungsroman, nicht nur so lang, sondern auch so inhaltsreich.

Fangen wir beim Motor an. Die Amerikaner würden behaupten, dass er 300 PS hat, denn sie messen ihre PS nach einer anderen Methode. Unsere DIN-Rechnung ergibt 250 PS bei 4000 Umdrehungen. So viele Pferde bei so wenig Drehzahl kommen eben nur aus großem Hubraum. Der Motor des »600« ist der erste große deutsche Nachkriegsmotor im Personenwagenbau, und ich meine, dass er mit unentschuldbarer Verspätung eingetroffen ist. Was sind die drei Liter des Mercedes »300« – gerade so viel, wie ein amerikanischer Kleinwagen hat, etwa der »Valiant« von Chrysler. Und dem 3,2 Liter Acht-Zylinder-V-Motor der Bayerischen Motorenwerke war im großen BMW nur ein Mauerblümchen-Dasein beschieden, weil bei uns zu viele Leute einen Stern auf dem Kühler haben wollen.

Im »Großen Mercedes« – der eine Tradition fortsetzt, die von riesigen, schwarzen Staats-Limousinen geradezu geschwängert ist – wurden 6,3 Liter Hubvolumen auf acht Zylinder verteilt, die zu je vieren V-förmig über der Kurbelwelle stehen. Der Kraftstoff wird eingespritzt und nicht über Vergaser eingeatmet. Diese und andere Feinheiten machen

S-SY 946

auf dem internationalen Markt, der mit großvolumigen Acht-Zylinder-V-Motoren übersät ist, Beachtung zu verschaffen. Die Acht-Stempel-Einspritzpumpe mit Start- und Warmlauf-Automatik ist ein Wunderwerk für sich. Es wird wenig Leute geben, die darauf versessen sind, sie einmal reparieren zu müssen. Der Motor läuft leise und butterweich, zumal man sich bei Daimler-Benz nach langer Zeit wieder einmal mit niedrigen Drehzahlen begnügte. Kraft, die ein Motor lässig aus dem Ärmel schüttelt, macht nicht halb so viel Lärm wie Kraft, die er verbissen schuftend produziert. In Amerika gehört deshalb der große Hubraum im wahrsten Sinne des Wortes zum »guten Ton«. 6,4 Liter bei Cadillac, 6,6 Liter bei Buick, 6,7 Liter bei Chevrolet, 6,4 Liter bei Ford, alle in V 8-Motoren steckend, sind gang und gäbe. Amerikanische Motoren laufen wie auf Wollsocken und halten beinahe so lange wie ewig. Und wenn sie »klein« sind (man kann fast jedes Modell mit verschiedenen Motorstärken haben), dann haben sie noch immer drei bis vier Liter.

Natürlich werden die Käufer des »600« die sonderbarsten Extrawünsche äußern – und erfüllt bekommen. Anstelle der Bar ließe sich ein Waffenschrank für vier Maschinenpistolen und ein halbes Dutzend Handgranaten unterbringen, oder auch nur ein Fernsehschränkchen. Die Knöpfe, Tasten und Griffe werden hier und da zweifellos in Gold gewünscht werden und die Scheiben aus Panzerglas. Man kann – in der normalen Pullman-Ausführung – zu viert wie in eine

Eisenbahnabteil Erster Klasse einander gegenübersitzen und ab und zu einen Drink nehmen. Die Regierung eines nicht allzu demokratischen Staates könnte hier konferieren. Wer es absolut will, kann aber auch statt der vier Fondsitze zwei gemütliche Ohrenlehnsessel oder auch nur einen und dazu eine Couch haben. Und dieser und jener Scheich wird gewisslich noch ein Eckchen für seine Lieblingsfrau einrichten lassen – ein recht behagliches.

Wir fahren quer durchs Land auf Rothenburg zu, die Straßen sind schmal und kurvenreich. Aber der Fahrer des »220 SE«, mit dem uns Fotograf Dieter Heggemann folgt, hat seine Not, uns nicht aus den Augen zu verlieren. Das Sechs-Meter-Auto sticht wie ein Sportwagen auf die Kurven zu und durch sie hindurch. Wir »vernaschen« restlos alles, was auf dieser Strecke unterwegs ist, und lassen verdutzte Fahrer hinter uns, die dem wildgewordenen Omnibus entgeistert nachstarren.

Erst in Rothenburg kommt mir die Länge des Wagens, die man bei solch flottem Vorwärtskommen völlig vergisst, wieder ins Bewusstsein. Wenn man aussteigt und an dem Fahrzeug entlangblickt, erschrickt man förmlich. Ein Ding wie ein Baßgeigenkoffer. Für jene, die damit ohne Polizei-Eskorte und Absperrmaßnahmen auf Reisen gehen, wird er wohl doch ein wenig zu lang sein. Er benötigt gleich zwei Parklücken hintereinander, und mit Parkplätzen, die schräg zum Bordstein angeordnet sind, kann er überhaupt nichts anfangen. Er würde dann von der Karosseriemitte an weit in die Fahrbahn hineinragen und den Verkehr zum Erliegen bringen. Und das haben die Leute nicht gern. Er ist mit seiner ungewohnten Länge überhaupt ein wenig deplaciert im normalen Verkehrsalltag. Das spürten auch die Fußgänger instinktiv, und weil nicht geflaggt war, keine »weißen Mäuse« auf grünen Motorrädern uns begleiteten und die Fernsehkameras ausblieben, lehnten sie sich ein wenig gegen den Langen auf.

»Dem sei Sorgen möcht i ham ... «
»Für den wern's extra Straßen bauen missen, von unserem Geld ... «
»Weißte, was der is? Der iss'n Pleiboy, den soll'n se mal zu uns auf'n Bau schicken ... «
»Net geschenkt möcht ich den ham ... «
So tönte es durchs offene Schiebedach und die spaltbreit geöffneten Fenster herein, wenn wir mit Schritt-Tempo im Verkehrsgewühl am Bordstein entlangrobbten. Aber es tönte auch anders. Wir stellten den Langen irgendwo ab, in Rothenburg auf dem Marktplatz, in Mannheim vor dem Bahnhof, in Heidelberg, in zwei ganz reelle Parklücken und in Stuttgart vor dem Theater. Und ich mischte mich, zu Fuß aus einer anderen Richtung kommend, unter die Leute.
»Mann, das is ne Wucht, was?«
»Da is ne Bar drin, guck mal!«
»Auf dem Tisch kannst Schach spüln ... «
»Das iss'n Koffer, zweihundert macht der ... «
»Mann, wenn ich im Toto gewinn', das kann ich dir sagen!«

RATSKELLER
Rats-
keller
FREMDENZIMMER
ZENTRALHEIZUNG
HALLER
LÖWEN-
BRÄU
S-YY 889

»Der? Das is doch der Kurze. Den Langen mußt erst mal sehn!«
»Jetzt hat der Rolls-Royce fei ausgespült, mei Liawer!«
»Sechzig Mille, naja, für die Regierung ... «
»Der Dreihundert war eh nix Gscheits.«
»Acht Zylinder, wie vorm Krieg ... «
Alles Original-Zitate. Ich habe sie auf Tonband zu Hause liegen. Nun weiß ich wenigstens, was die Leute sagen. Wenn er in einer Kolonne ankommt, drei Sechshunderter und sechs Dreihunderter und ein Dutzend »weiße Mäuse« und Fernsehen, Wochenschau und Marschmusik, dann werden sie jubeln wie eh und je und nicht wenig stolz auf den neuen Regierungs-Sechshundert sein.
Aber wenn er sich ganz inoffiziell in ihren engen Straßen verirrt und sie nicht so recht wissen, wem er gehört, dann werden sie aufmucken. Trotzdem wird sich alles finden, denn es gibt ja noch den normalen »600«, der genauso gut, aber gerade um den Dreiviertelmeter kürzer ist, der beim »Langen« zum Widerspruch herausfordert.
Am Ende blieb mir gar nichts anderes übrig, als so zu tun, als wäre ich wirklich »wer«. Denn ich hatte herausgefunden, dass mir die Leute in diesem Fall das Auto genehmigen. Sie waren umso netter zu mir, je unnahbarer ich dreinblickte und je diensteifriger der gute Penika den Schlag aufriss und die Mütze zog. Da applaudierten sogar ein paar Leute und winkten mir zu, Mütter hoben ihre Kinder hoch, und andere fragten: »Wer iss'n das?« Ein Polizist legte grüßend die Hand

»WENN DIE AUTOS EINE GEWISSE GRÖSSE ÜBERSCHREITEN; MUSS AUCH DER MANN, DER DARIN SITZT, WELCHE HABEN. SONST SIND DIE LEUTE SAUER, WEIL DAS BILD, DAS SIE SICH VON DER GROSSEN WELT GEMACHT HABEN, PLÖTZLICH NICHT MEHR STIMMT.«

an die Mütze, obwohl wir unter einem Halteverbotsschild standen, und zwei amerikanische Touristen riefen: »Halloh ... «, und als ich zu ihnen hinblickte, schossen sie ihre Kodaks auf mich ab und sagten grinsend: »Thank you!« – So ist das Leben.

Wenn die Autos eine gewisse Größe überschreiten; muss auch der Mann, der darin sitzt, welche haben. Sonst sind die Leute sauer, weil das Bild, das sie sich von der großen Welt gemacht haben, plötzlich nicht mehr stimmt. Was mich betrifft, ich möchte nie ein großer Mann sein, denn des Volkes Undank schmeckt bitter.

Das Erfreuliche am »Großen Mercedes« ist weniger die Tatsache, dass es ihn endlich gibt (denn wirklich große Männer werden sich wohl zutrauen, ihren Konzern oder ihr Land aus einem BMW oder Opel heraus zu regieren), sondern dass endlich einmal alle Möglichkeiten, die sich nach 75 Jahren Automobilgeschichte anbieten, ausgeschöpft wurden. Der Mercedes »600« ist höchstwahrscheinlich das vollkommenste Automobil, das es derzeit auf der ganzen Welt gibt. Und vor dieser Tatsache muss man den Hut ziehen, und anschließend darf man ihn getrost ein wenig aus Freude darüber schwenken, dass dieser Meilenstein in der Geschichte der Automobiltechnik irgendwo auf seiner Unterseite den Vermerk. »Made in Germany« trägt.

Es bleibt zu hoffen, dass sich aus der Konstruktionsarbeit am Super-Mercedes angenehme Rückwirkungen auf die normale Limousinen-Serie ergeben werden. Denn auf dem Weg zu großen Lösungen sind zu allen Zeiten auch kleine gefunden worden. Haben wir nun einen fortschrittlichen Wagen des großen Mannes, so dürften wir wohl mit Recht auf einen fortschrittlichen Wagen des kleinen Mannes hoffen. Erst dann wäre das Gleichgewicht wiederhergestellt. Und diese zweite große Tat müsste nicht unbedingt aus Untertürkheim, sie könnte von mir aus auch aus Wolfsburg kommen. »Was ist, Penika, sind wir schon da?«

»Jawohl, wir haben 675 Kilometer zurückgelegt und im Durchschnitt 19,5 Liter Super-Kraftstoff verbraucht.«

DAS INNENLEBEN DES »600«

- Der 250 PS starke Acht-Zylinder-V-Motor hängt den »230 SL« auf dem Weg von 0 bis 200 km/st glatt ab
- Stoßdämpfer sind vom Lenkrad aus einstellbar, von bequem auf sportlich
- Luftfederung erlaubt Regulierung der Bodenfreiheit
- Servo-Bremsen und Servo-Lenkung
- Vier Scheibenbremsen im Zweikreissystem; die vorderen mit je zwei Bremszangen
- Automatisches Vierganggetriebe, das kaum PS frißt
- Lenkrad während der Fahrt verstellbar
- Fuß-Feststellbremse an Stelle einer Handbremse
- Druckknopf-Betätigung für Seitenfenster, Schiebedach und Trennscheibe
- Heckscheibe elektrisch beheizt
- Außenspiegel von innen verstellbar
- Elektronisches Heiz- und Kühlsystem (auf Wunsch)
- Kopfstützen an den Rücksitzen
- Wagenboden mit Velours, Kofferraum mit Bouclé ausgelegt
- Dreizehn Lampen im Wageninnern
- Sitze hydraulisch verstellbar, auch in der Höhe
- Zentrales Schließsystem verriegelt alle Türen, Kofferraum und Tankstutzen, sobald die Fahrertür abgeschlossen wird
- Türen schließen automatisch auf Daumendruck Kofferraum öffnet und schließt automatisch nach Antippen
- Reserverad kommt auf Fingerdruck aus seinem Verlies
- Sperrdifferential sorgt für feste Radtiaftung unter jeglichen Fahrbedingungen
- Das Fahrwerk ist wartungsfrei

Der Hotelboy reißt die Tür auf. Dieter Heggemann geht aufs rechte Knie und peilt durch den Sucher. Ich nehme den schwarzen Hut und das dunkle Aktenköfferchen in die eine, den Schirm in die andere Hand. Für 80-jährige Politiker könnte der Ausstieg etwas bequemer sein, denke ich. Vielleicht setzen sie das Dach auf Wunsch doch noch in wenig höher.

Eine Frau sagt: »Ja, den kenn' ich, das ist doch der Dings ... « Und ich möchte heute noch wissen, mit wem sie mich wohl verwechselt haben mag!

KAPITEL 8

CITROËN SAHARA

CITROËN SAHARA: FRONTMOTOR LÄUFT!

Eine der beiden roten Kontroll-Lampen erlischt. Ich ziehe meine ölgesättigten Handschuhe an und die Mütze tiefer in die Stirn. Dann drehe ich auch den zweiten Zündschlüssel bis zum Anschlag Heckmotor läuft!

Der feldgraue Wagenkörper erschauert förmlich unter dem rasselnden Leerlauf der beiden luftgekühlten Boxermotoren. Griffe und Hebel und Gestänge aller Art, meine Beine eingenommen, vibrieren tatenfroh mit. Unter meinem Sitz schwabbern fünfzehn Liter Benzin in ihrem Tank, dessen Füllstutzen durch ein Loch in der Tür nach draußen ragt. Das Gefühl für den Benzinvorrat hat man im Hosenboden, ein Instrument erübrigt sich. Auch unter dem Nebensitz schwabbert es. Jeder Motor hat seinen eigenen Tank unter einem der Sitze, ein

EIN MANN RUFT MIR ETWAS ZU, ES KLINGT WIE: »ACHTEN SIE AUF PARTISANEN!« KANN ABER AUCH HEISSEN: »FAHREN SIE ZU IHREN AHNEN!«

Rauchverbot ist nirgends angeschlagen. Ich klappe ein Türfenster nach draußen und lege den linken Ellbogen aufs Fensterbrett, die Hand fällt dabei von selbst auf den zum Kreis gebogenen Steuerknüppel. Vor der Windschutzscheibe, als hätte es einer da liegengelassen, erhebt sich ein fünftes Rad (Michelin X, 155 x 400), aber man kann darüber hinweggucken.

Ein Probetritt aufs Gaspedal. Von vorn bis hinten wird angesaugt, verdichtet, gezündet, ausgepufft und gebläsegekühlt. Es ist, als befände man sich im Maschinenraum eines Frachtdampfers. Der Rückspiegel betätigt sich als Drehzahlmesser, im Augenblick vibriert er mit mindestens dreitausendfünfhundert.

Ein paar Leute bleiben stehen, ein Hund zieht den Schwanz ein. Ich trete die hydraulisch betätigte Kupplung nieder und knüppele den ersten Gang rein. Handbremse los! Zehn - neun - acht - sieben - der ganze Aufbau macht viertausend Touren, sechs - fünf - vier -

Ein Mann ruft mir etwas zu, es klingt wie: »Achten Sie auf Partisanen!« kann aber auch heißen: »Fahren Sie zu Ihren Ahnen!« Man hört nicht so genau hin, drei Sekunden vor dem Start.

DREI – ZWEI – EINS – LOS!

Der Aufbau macht jetzt mindestens fünftausendachthundert. Beide Maschinen laufen mit voller Kraft, dennoch bleibt die Anfangsgeschwindigkeit der feld-

grauen Kapsel gering. Es liegt am ersten Gang, der ein Kriechgang ist. Ich muss schalten. Jetzt – der Wagen macht einen Satz und beschleunigt lärmend wie eine alte Ju 52, die auf die Schallmauer losgaloppiert. Es muss eine Wonne sein, sie zu durchbrechen, um jenseits von ihr Ruhe zu haben. Ich suche den dritten Gang und zwänge den Knüppel hinein, die Phonzahl sinkt schlagartig ab und die Tachonadel schnellt empor. Achtzig! Es ist also doch ein Auto.

Ich habe den Ortsrand erreicht und reite auf die nahen Wälder los. Galopp! Irgendwo wird schmetternd zum Angriff geblasen, oder war es ein Zweiklanghorn auf der nahen Autobahn? Alle Maschinen volle Pulle! Ich finde sogar den vierten. Er liegt im Hinterzimmer, man erreicht ihn ohne den Leerlauf zu betreten, sozusagen durch eine Art Tapetentür. Viele werden nie auf ihn kommen!

Die Bauern auf den Feldern wenden statt des Heues ihre Köpfe. Noch nie in der Geschichte dieses Feldweges wurde er

mit neunzig Sachen genommen. Des bin ich sicher, ist er doch höchstens für dreißig gut. Aber meine Wirbelsäule hängt wie schwerelos im von Gummiseilen durchzogenen Stahlrohrsitz, kein Stoß dringt zu ihr durch. Es ist, als hätten die Räder bereits vom Boden abgehoben. Ich drehe am Knüppel, aber sie reagieren noch und beweisen Boden-kontakt. Der Aufbau schwankt, ich werde wie auf einem Wellenkamm vorangespült. Im Vierten laufen die Maschinen ruhig, das gesamte Gerassel spielt sich in angenehmen Frequenzen ab. Auf vier Plattfüßen, vorschriftsmäßig mit nur 0,7 atü gefüllt, schwankt der Kahn über Löcher, Furchen, durch Schotter und Sand. Wenn man auf die Hupe drückt, dann schreit das Auto auf, als hätte man ihm auf den Schwanz getreten – erst ein-, dann zweistimmig oder alles durcheinander, wie ein exotisches Tier. Man fährt es ja auch nicht, man reitet es wie ein Kamel, das hochbeinig in langen, wellenförmigen Schwingungen vorwärtsstürmt.

Hee! Da ist der Weg zu Ende! Er mündet in eine Schlammkuhle, hinter der ein Hügel ansteigt, mal mit Heidekraut, mal mit Buschwerk, mal mit nichts als mit Sand bewachsen. Ich zügle mein Gefährt, im Zweiten bremsen es die Motoren runter, im ersten (mein Gott, er ist nicht synchronisiert!) watet es gelassen durch den Pfuhl, steigt ohne Anlauf am Hang empor, bricht durchs Unterholz, neigt sich, ohne umzufallen, mal hierhin, mal dahin, und steht schließlich oben auf dem Hügel.

Die Motoren käuen brummend wieder – Höhe 304 genommen! Ich blicke ungläubig zurück.

Über Baumstümpfe, durch Sandhaufen und Sträucher, Gräben und schiefe Ebenen ist das Auto einfach raufgelaufen, ohne auch nur einmal Theater zu machen.

Es ist raufgelaufen, es ist plattfüßig hochgelatscht wie Don Camillo, ohne ein einziges Mal mit den Lungen zu pfeifen. Jetzt steht seine dunkle Silhouette einsam, aber erhebend vor dem pastellfarbenen

Horizont, man müsste es filmen und mit Musik unterlegen – irgendjemand würde weinen.

Über dem offenen Rolldach kreist ein Bussard. Ich schlage auch das rechte Türfenster auf und lasse den Wind, der über die Heide weht, an meiner Nase vorbeiziehen. Unter mir bebt der Körper eines tatenfrohen Tieres. Ich lege den ersten Gang ein, reiße die Zügel nach links und trabe den Hügel hinab auf eine Sandkuhle zu, aus der sich ein zweiter bewaldeter Hügel erhebt.

Die Motoren treiben das Auto an allen Vieren an, und sie drücken mit ihrer Last jeder auf eine Achse. Keines der vier Räder dreht durch, ein jedes saugt sich am unterschiedlichsten Grund fest und klettert anpassungsfähig darüber hin. So ähnlich muss eine Fliege funktionieren, die kerzengerade an der Wand hochläuft ...

Unter Last arbeiten die Motoren auch im ersten Gang mit erträglichem Geräusch. Dieser Gang wandelt die zweimal zwölf PS in Ochsenkräfte um, lässt das Auto im Fußgängertempo überall rauf- und durchlaufen und kann beim Anfahren auf ebener, glatter Straße getrost übergangen werden. Umso erstaunlicher ist es, dass ein vierter Gang vorhanden ist, der wie ein Schnellgang wirkt. Mit seiner Hilfe zieht man auf der Autobahn die Gesichter von Leuten in die Länge, die der Meinung sind, von einem wildgewordenen 2 CV genarrt zu werden.

Der Tacho geht bis neunzig, das Auto über hundert – und an Steigungen kommt es kaum außer Puste.

Ich fahre unter den Bäumen hindurch, dieser und jener Zweig kommt durchs offene Dach herein. Ich schlängele mich durch die Stämme wie durch einen Irrgarten, stoße auch mal zurück, suche einen anderen Ausweg und klettere dabei den Berg hinauf. Oben angelangt, entdecke ich einen Holzabfuhrweg. Er ist tiefgefurcht und lediglich treckertauglich.

Ich gehe ihn an, sitze bald vorne auf, aber die Hinterräder ziehen die Karre wieder zurück. Ich nehme die eine Furche zwischen die Räder und klettere so auf den hohen Graten dahin, bis vor ein Schlammloch, in dem zerwühlte Äste liegen. Hier hat ein Trecker festgesessen. Das Wasser läuft mir im Munde zusammen. Ich halte nur kurz an, um vom zweiten in den ersten gehen zu können. Und dann sage ich: »Ho-la !« und das Kamel watet hindurch, bis an die Radnaben im Morast versinkend.

Es ist wirklich, als ob es läuft; nein, es latscht – das ist der einzig passende Ausdruck dafür.

Diesem Auto zuliebe könnte man auswandern, dahin, wo ein Mann immer gern hinmöchte, von dem er aber nicht weiß, wo es liegt. Es ist ein Land, das man auf dem Rücken eines solchen Wagens durchquert, einsam, ein Liedchen pfeifend, auf die Stelle wartend, an der man siedeln möchte.

Man fällt Bäume und baut sich eine Hütte, jagt und fischt und fängt ein Wildpferd ein. Man sitzt auf seiner lehmgestampften Terrasse unterm Schilfdach im selbstgeschnitzten Schaukelstuhl, und eines Tages läuft einem ein Mädchen zu, das von jenseits des Flusses stammt. Oder ein kleiner Hund, der ebenso anhänglich ist.

Das sind so Gedanken, die einem ganz von selber kommen, wenn man tagelang so gut wie einsam mit dem Citroen Sahara durch die Heide stolpert. Man wusste schon lange nicht mehr, dass die Welt nicht nur aus Asphalt und Beton, aus Schildern und Polizisten besteht.

Wenn irgendwo in der Welt ein Siedler dem alten T-Modell nachweint, dann soll er sich rasch die Tränen abwischen und sich einen Sahara kommen lassen. Aber Sie und ich, wir sind keine Siedler irgendwo in der Welt, wir sind auch keine Legionäre am Rande der Wüste. Wir sind auf Straßen angewiesen, auf Leitlinien, Umleitungen, Gegenverkehr, Überholverbot und Stoppstellen.

Wir sind ganz arme Wichte, denen auch noch das Pfeifereinigen zu viel wird, weshalb wir unseren Knastkolben mit der nächstbesten Filterzigarette zu betrügen bereit sind. Ich kann Ihnen die Gefühle nicht beschreiben, die in mir zu kreisen begannen, wenn ich frühmorgens die beiden Starter betätigte. Und je offensichtlicher die Leute grinsten, denen ich mit meinem Kamel begegnete, umso mehr bedauerte ich sie, die gar nicht bemerken, dass sie mit einem Magnet unterm Hintern auf Leitschienen durch die Welt bewegt werden.

Ein Sahara ist etwas, das einem der Arzt verordnen sollte, er entspannt, läutert, beruhigt und weitet den Horizont. Spätestens am dritten Tag sind die Nerven so gefestigt, dass sie unter dem Krach, den das Auto macht, nicht mal ins Vibrieren geraten.

Und auch die ganz alte Hose gehört zur Seelen-Therapie. Der Sahara ist zwar ein Auto, aber ein tiefsinniges, hintergründiges. Man möchte ihm am Abend ein Bündel Heu vor die Schnauze legen. »He!« -und »Ho!« zu ihm sagen und ihm einen Klaps auf blecherne Lende geben.

Was habe ich nicht alles mit ihm angestellt! Man kann ihn auch mit einem Motor fahren. Durch Umlegen eines Hebels am Getriebetunnel mit dem Frontmotor, und durch primitives Festklemmen der Kupplung am Frontmotor, nur mit dem Heckmotor. Den Frontmotor benutzt man zum ruhigen Marschieren, man fährt dann praktisch den Clochard, den 2 CV. Soll es aber nur der

Heckmotor sein, etwa zum Herausarbeiten aus einem Hindernis, oder wenn der Frontmotor wegen Spritmangel ausfällt, dann muss man halt aussteigen und die vordere Haube hochheben, um den Frontmotor gewaltsam auszukuppeln. Er dreht sonst leer mit, was den Heckmotor unnötig Kraft kostet. Ich habe sie immer alle beide laufen lassen. Zweimal zwölf PS und zweimal Krach gehören halt zu dieser Kutsche.

Die Radhaftung in schnell gefahrenen Kurven ist nur noch mit »sagenhaft« zu bezeichnen. Die vier angetriebenen Räder denken gar nicht ans Wegwischen, obgleich sich der Aufbau alle Mühe gibt, eine Rolle zum kurvenäußeren Rand hinzumachen. Und wenn man noch so sauber rechts fährt, der Gegenverkehr gerät in Kurven stets in Panik, und zart besaitete Fußgänger schließen die Augen. Auf unmöglichen Straßen, wie man sie in eben erstellten Wohnvierteln noch antrifft, deren Bewohner mit hochgekrempelten Hosenbeinen zur Bushaltestelle stelzen, ist der Sahara jedem anderen Automobil an Geschwindigkeit überlegen. Er bügelt jede Mondlandschaft glatt. Mit zwei Motoren gefahren, brauchte er im gemischten Verkehr (Straße und Gelände) am Ende meiner Rechnung 9 Liter auf 100 Kilometer.

Die Bodenfreiheit ist gewaltig, die Räder laufen auf Stelzen, nur muss man im Gelände durch gleichmäßiges Fahren ein Aufschaukeln vermeiden, durch das sich die Bodenfreiheit rapide nach unten verändern kann. Dem glatten Wagenboden (auch die Motoren sind gut und stabil

nach unten abgedeckt) kann man aber manche Rutschpartie zumuten. Was der Sahara macht, das ist mindestens das gleiche, wie die Geländeleistung eines Jeep-ähnlichen Kübelwagens. Aber er macht es im Gegensatz zu einem solchen mit Limousinen-Komfort, man sitzt weich, warm und trocken dabei.

Es ist ein verrücktes Ding, dieses Ding. Am Anfang hält man es für eine Mondrakete oder für eine Dreschmaschine, und

am Ende für ein Pferd oder ein Kamel. Und nach einigen Stunden Geländefahrt beginnt man ein Gespräch mit ihm ...
Sie halten mich für ein bisschen verrückt, wie? Es steht Ihnen frei. Spätestens dann, wenn Sie mal tagelang mit dem Sahara in freier Wildbahn herumgestromert sind, werden Sie Ihre Meinung korrigieren. Aber es ist ein selteneres und schwieriger zu realisieren des Vergnügen, als etwa ein Flug nach den Kanarischen Inseln.
Die Autoverleiher werden das Ding nicht führen, neu kostet es über neuntausend Mark, und die Bundeswehr fährt offene, knüppelharte Zweitakter. Aber ich, ich hatte vierzehn Tage lang ein Kamel vor der Tür, und die Leute haben mich für eins gehalten. Es war eine köstliche Zeit ...

KAPITEL 9

JAGUAR E-TYPE

AUTO-MUSEUM FRITZ B.BUSCH

WHISKY PUR ODER DIE FLUNDER: JAGUAR E-TYPE

Unter dem Kapitel »Pflege« wird in der Betriebsanleitung darauf hingewiesen, dass die Teppiche gebürstet, aber auch mit dem Staubsauger gereinigt werden können. Und im Prospekt steht schlicht: »Ein idealer Wagen für Sport und Reise!« Ein Satz, so abgestanden wie das Öl in der Motorwanne eines stillgelegten Vorkriegswagens.

Blättert man in der Betriebsanleitung, so findet man eine Anweisung über »das Ölen mit dem Kännchen« – darin sind zehn Teile aufgeführt, die man alle 8000 Kilometer mit dem Kännchen ölen sollte. Einfach niedlich, nicht? Und wenn man dann noch liest, dass er bei 80 km/h nur mit 2200 U/min dreht, dann möchte man am liebsten die schnelle Sportmütze zu Hause lassen.

Schauen wir nun mal nach, welche Reifendrücke er braucht, denn es macht einen albernen Eindruck, wenn man dieserhalb erst an der Tankstelle zu blättern beginnt. Da haben wir ihn: »Reifendruck: für normale Fahrgeschwindigkeiten bis 210 km/h vorn 1,6 und hinten 1,75 atü«, ein Druckfehler ist das nicht!

Ich klappe das Heft zu und entschließe mich für »normale Fahrgeschwindigkeiten bis 210«. Was die Reifen haben müssen, wenn man mal schnell fahren möchte, das will ich gar nicht wissen. Ich bin verheiratet, habe ein Kind und allerlei Zukunftspläne ...

Ich gehe erst mal um das Auto rum. Das dauert seine Zeit, denn es ist ein langer Weg. Das Auto ist genau 1753/8 Inches lang, und kein Inch kürzer. Dabei geht die halbe Incherei für den Motor drauf; es ist ein Motor mit zwei Notsitzen. Und das Auto ist offen, denn es steht vor meiner Tür. Wir haben schon Ende Oktober, aber ich singe Ram-ta-ta-tam, das ist meine Lieblingsmelodie. Das Auto ist silbergrau und hat rote Lederpolster, und natürlich Speichenräder. Die Lollo könnte zwei Fuß neben ihm im Bikini auf dem Zaun sitzen, ich würde sie nicht bemerken.

Das Lenkrad ist aus Holz, und die breiten Speichen sind mehrfach durchbohrt. Es sieht aus, als hätte einer Fünfmarkstücke raus gestanzt und Groschen

»WAS DIE REIFEN HABEN MÜSSEN, WENN MAN MAL SCHNELL FAHREN MÖCHTE, DAS WILL ICH GAR NICHT WISSEN. ICH BIN VERHEIRATET, HABE EIN KIND UND ALLERLEI ZUKUNFTSPLÄNE ...«

THIS IS THE NEW JAGUAR XK-E!

und Pfennige. Hinter solchen Lenkrädern sitzt man nicht alle Tage, sie fühlen sich an wie ein Maimorgen am Lago Maggiore.
Am Ende des Autos ist eine Klappe. Wenn man sie aufmacht, geschieht noch weniger, als wenn man etwa eine Keksdose öffnet. Unter diesem Deckel hat ein Koffer erst dann Platz, nachdem man ihn durch eine Dampfmangel gedreht hat. Aber Castrol-Dosen gehen rein, genug, um das Auto für die Reise zu benutzen. Und sie sind auch drin, zehn handliche Literdosen und ein 5 Liter-Kanister. Das ist beruhigend.
Dieses Exemplar ist eine sogenannte »geschrubbte Flunder«. Eine solche entsteht, wenn man seinen Jaguar dreißigtausend Kilometer lang an Hinz und Kunz verpumpt. Hinz und Kunz waren in diesem Fall Händler, Kunden und Tester. Aus der Reihenfolge dieser Aufzählung wollen Sie bitte eine panische Steigerung der Gefahren entnehmen, denen das Auto bereits ausgesetzt war.
Ich hätte auch eine frische Flunder kriegen können - aber ich brauchte eine für Männer, die Pfeife rauchen. So griff ich freudig zu der geschrubbten. Sie roch abenteuerlich. Nicht nach Flunder, sondern nach Ölsardine, denn sie verbrauchte im Stand einen halben Liter Castrol pro Nacht (im Winter mehr, weil die Nächte dann länger sind).
Ich öffne also erst mal die Haube. Das ist ganz einfach: Man angelt sich aus dem Cockpit einen kräftigen Vierkantschlüssel (er ist am Kardantunnel aufgehängt) und steckt ihn in ein passendes

848 CRY

Loch an der rechten oder linken Wagenseite. Dann dreht man ihn um und begibt sich auf die andere Wagenseite, wobei es ziemlich egal ist, ob man den Weg hinten- oder vornherum wählt – man spart im Höchstfalle zwei Minuten.

Dann steckt man den Vierkant drüben in das Loch und dreht ihn abermals rum. Nun hebt man das Auto kräftig an. Das, was stehen bleibt, ist das Chassis, was hochgeht, ist die Karosserie. Wenn beides hochkommt, haben Sie einen Fehler gemacht. Sie müssen nämlich erst noch eine Zunge lösen, die in der Mitte vor der Windschutzscheibe am Haubenrand auftaucht. Wenn die Haube dann offen ist (es ist eigentlich gar keine, sondern das halbe Auto), dann muss Ihr Anzug zur Reinigung. Die Zunge erreichen Sie nämlich nur durch innige Vermählung Ihres Körpers mit der Karosserie.

Sollten Sie mit diesem Auto einmal ernstlich an einem Wettbewerb teilnehmen, und Sie müssen mittendrin mal unter die Haube, dann ist – wenn Sie sie wieder geschlossen haben – das Rennen bereits gelaufen.

»IN DIESER GEGEND FINDET MAN NOCH NICHT ALLZU VIELE FERNSEHANTENNEN, UND DIE LEUTE SIND FÜR DINGE, DIE SICH WIRKLICH ABSPIELEN, NOCH EMPFÄNGLICH UND DANKBAR.«

Jetzt ist sie erst mal offen, und ich werde für meine Mühe fürstlich belohnt. Das Auto hat Striptease gemacht, es hat fast nichts mehr an, und seine edelsten Teile liegen einladend vor mir. Die Spucke gerinnt mir in den Adern.

Hauteng muss die Haube über den Motor geschneidert sein, denn ich bezweifle nun, dass ich den Deckel je wieder zukriege. Der Motor quillt mir förmlich entgegen, die Ansaugluft wird in einem Gehäuse von der natürlichen Größe eines Marmeladeneimers gefiltert.

Alles ist von gewaltigen Dimensionen, man könnte einen Lastzug damit bewegen. Vor meinen Augen scharren 265 ungeduldige SAE-Pferde im Ölsumpf, und ein Drehmoment von 36 mkg fletscht förmlich die Zähne.

Dass ich mir aber auch immer solche Sachen einbrocken muss! Meine Hand, die nach dem Ölstab greift, vibriert verhalten. Ich verspreche ihr, heute nicht über »normale Geschwindigkeiten bis 210« hinauszugehen. Dann kippe ich Öl nach und mache ein harmloses Gesicht dabei, denn es haben sich bereits Leute eingefunden. In dieser Gegend findet man noch nicht allzu viele Fernsehantennen, und die Leute sind für Dinge, die sich wirklich abspielen, noch empfänglich und dankbar. Kinder lesen den Tacho ab und verkünden in jenem Tonfall, in dem man früher an Kaisers Geburtstag zu jubeln pflegte, dass er bis zweihundertsechzig geht. Der Herr mit der randlosen Brille, der den Jubel auf »hundertsechzig!« zu berichtigen versucht, setzt sich nicht durch, ein Knabe mit hochrotem Kopf belehrt ihn brüllend eines Besseren.

Es wird nun offensichtlich, dass das Publikum einiges von mir erwartet. Meine Handflächen beschlagen, ich greife zu den alten Fahrerhandschuhen, aus denen sich notfalls ein mittlerer Ölwechsel herauswringen ließe, und streife sie über. Dann lasse ich die Karosserie wieder auf das Fahrgestell herab und mache mich mit dem Vierkantschlüssel auf den Weg.

Ich habe das Gefühl, dass mir der Herr mit der randlosen Brille eine Lebensversicherung andrehen will, aber die Jungen boxen ihn stets wieder in die hinteren Reihen. Die besten Plätze sind hoffnungslos vergriffen. Ich möchte am

liebsten wieder reingehen, mich auf den Balkon setzen und ein paar Kekse knabbern, aber ich darf jetzt nicht kneifen. Die Bengels würden es meiner Tochter erzählen ...

»Pass auf beim Anfahren!« rede ich mir ins Gewissen, »der wischt dir hinten weg wie der Schwanz eines wütenden Alligators!« Es gibt Autos, die schleudern im Stand, so, wie es Pferde gibt, die vor lauter Ungeduld vorne hoch gehen. Das hat ein Pferd einmal mit mir gemacht – aber niemand redet da von Sicherheitsgurten ...

»Das is 'ne Bombe!« sagt ein Junge, der beim Rollerfahren immer durch die Zähne heult wie ein 250er Goggomobil. Ich sage: »Ja, man kann die Teppiche sogar mit der Bürste absaugen.« Ich glaube, meine Nerven schleifen bereits an der Bordsteinkante. Wenn ich mal ein Rennen fahre, dann muss das unter Ausschluss der Öffentlichkeit stattfinden – oder ich sinke bereits unter dem Startschuss getroffen zusammen. Ruft mich denn niemand ans Telefon? Wenn ich jetzt ein Kännchen hätte, ich würde alles ölen, was ein Loch hat, und die Menge würde sich dann womöglich zerstreuen. Aber ich habe kein Kännchen.

Was ich plötzlich in der Hand halte, das ist der Zündschlüssel, ich werfe ihn hoch, aber er kommt prompt zurück. Das mag nun ausgesehen haben, als ob Eddie Constantin die Pistole noch einmal um den Zeigefinger wirbelt, ehe er abdrückt. Und genau das hatte ich nicht gewollt.

Durch die Leute geht jenes unvermittelte Schweigen, wie man es vom Theater her kennt, wenn das Licht verlöscht und der Vorhang zu zittern beginnt. Ich kann es dem Vorhang nachfühlen ...

Die Detonation, die von den Leuten beim Druck auf den Starterknopf mit verstopften Ohren erwartet wurde, bleibt aus. Der Motor dreht ganz brav mit 650 – aber auch das Pferd hat mich damals mit der einschläfernden Naivität eines alten Ohrensessels angeguckt, ehe es vorne hoch ging. Ich trete vorsichtshalber mal kurz drauf, und die Leute flüchten spontan hinter die Strohballen. Das stärkt mein Selbstbewußtsein erheblich. Gang rein und ab! Ich blicke über eine lange, silbrig glänzende Schnauze auf schwarzen Asphalt und habe beim ersten zornigen Aufwiehern der Pferde die geschrubbte Flunder im Blut. Wenn jetzt noch jemand zittert, dann kann es nur einer aus dem Publikum sein.

Der E beginnt, die Straße aufzufressen, und es erweist sich wieder einmal als segensreich, dass ich meine Wohnung mit Bedacht gewählt habe. Am Ende des ersten Ganges hört nämlich auch der Ort auf, ich gehe in den zweiten, der sich ein wenig sträubt und nehme die ersten Kurven mit neunzig, um dann in den dritten zu gehen, der bis hundertachtzig gut sein soll. Nach sieben Kilometern bin ich bereits auf der Autobahn und endlich im vierten. Er revanchiert sich schlagartig mit 160 bei 4200.

Ho-Iah! Erst mal langsam kommen lassen, das Fahrgefühl abtasten, bremsen, beschleunigen, ein paar Lenkausschläge. Oh, es ist ein Gefühl! Der Wagen ist an meinen Hosenboden angenietet, so

fest wie ich sitze, liegt er. Ich fahre nicht Auto, sondern mein Hintern hat Räder. Ich denke, und das Auto handelt, so, als wäre das Auto meine Beine. Diesen Satz müssen Sie notfalls nochmal lesen. Verzeihen Sie mir diesen Stil, aber ich habe nur ihn.

Nun fahre ich mit »normaler Geschwindigkeit«, der Drehzahlmesser zeigt auf fünftausend, die Tachonadel auf hundertneunzig. Bis zweihundertzehn könnte ich ja gehen mit meiner Luft in den Reifen, aber ich begnüge mich mit zweihundert. Es ist nichts! Man muss nur rechtzeitig das Mützenschild nach hinten drehen, so wie es unsere Väter schon bei siebzig taten. Die Ecken des hochgeschlagenen Kragens versetzen mir fröhliche Ohrfeigen, das ist alles. Nichts sonst.

Ich habe nicht das Gefühl, schnell zu sein – ich habe genau dieses Gefühl: Ich wundere mich darüber, dass die anderen heute so langsam fahren. Ein 400er Lloyd, der mit allem, was drin ist, einem fernen Ziel entgegenrobbt, scheint

AC-BRISTOL
9600 HP
GE-67121
GE-67163

langsam rückwärts zu rollen. Und der E tut so, als absolviere er einen munteren Trab, mehr nicht. Ich habe die Kurbelfenster oben, das Verdeck unten und die Heizung auf »volle Kraft voraus!«. So genieße ich Ende Oktober eine sommerliche Fahrt.

»Ram-ta-ta-tam« möchte man singen, und man würde es sogar hören, denn der Wagen brüllt nicht, er zersägt die Luft, und nur das ist sein Geräusch. Immer, wenn man ein Gefühl zum ersten Mal hat, ist es am schönsten. Aber das kommt selten vor, denn so viele Gefühle gibt es gar nicht. Nun habe ich auch dieses hinter mir. Es ist das zweitschönste.

Nicht wegen der zweihundert, das sind nur zehn mehr, als neulich – sondern wegen des besonderen Charmes, den diese zweihundert an sich haben. Das ist kein Ritt auf einer unrunden Kanonenkugel, das ist, als würde man wie ein Faden auf einer Wirkmaschine abgespult.

Ich möchte ein endloser Faden sein. Aber dieser und jener macht mir einen Knoten rein. Da setzt sich ein Amerikaner, den ein Belgier fährt, mit 160 vor meine Nase und hält sich für den schnellsten Mann der Welt. Nur ein Trick bringt mich an ihm vorbei: Ich falle ab auf 150 und gehe, scheinbar resignierend, nach rechts, »Aha!« mag er denken, »der gibt auf!« Und er begibt sich befriedigt ebenfalls zur Seite. Und nun wird aus dem E wirklich ein Jaguar, wie eine Raubkatze schnellt er vor und faucht von hundertfünfzig auf hundertneunzig hoch, dass es weit mehr als nur eine Lust ist. 36 mkg haben auf rund 1150 kg Wagengewicht doch allerhand Einfluss, und ein Leistungsgewicht von rund 4,3 kg pro PS muss man letztlich im Gaspedal – und in der Magengegend – spüren.

Beim Beschleunigen gibt der Magen Fahrstuhl-Alarm! Und es kostet Sie nichts als ein Lächeln. Die Nerven ruhen einsatzbereit auf Watte, und wenn man sie dann wirklich braucht, sind sie knackfrisch. Nicht das Fahren beansprucht sie, sondern nur diese und jene Situation.

Denn keiner fährt für sich allein! Eine leichtere Limousine, die speziell für die Partie »Blatt im Herbstwind« konstruiert zu sein scheint, wedelt über den Strich. Ein Lastzugfahrer vermutet in dem aufkommenden silbrigen Fisch nicht mehr als einen Sonnenreflex und schwenkt auf die Überholspur. Ein MG-Fahrer will mir schnell noch entkommen und begibt sich ebenfalls auf die Linke, um an allem übrigen vorbeizustechen. Er ahnt nicht, dass es müde Spatenstiche sind, die er da tut.

»DER WAGEN IST AN MEINEN HOSENBODEN ANGENIETET, SO FEST WIE ICH SITZE, LIEGT ER. ICH FAHRE NICHT AUTO, SONDERN MEIN HINTERN HAT RÄDER.«

Ich stelle überhaupt fest, dass man den aufkommenden Jaguar oft unterschätzt. Vielleicht sieht er von weitem wie ein Karmann-Ghia aus? Und doch, wenn er erst mal den Rückspiegel ausfüllt, gibt es spontane Seitensprünge. Er sollte einen roten Strich bekommen, und ein roter Strich sollte sich als schnelles Zeichen einbürgern. Man belästigt ja niemanden, man bittet ja nur um vorschriftsmäßiges Fahren.

Steif weht der Wind das Herbstlaub von links über die Bahn, die Bäumchen neigen sich wie Angelruten, und die bewussten Limousinen zerren an den Nerven ihrer Fahrer, die den Ehrgeiz haben mögen, wenigstens hundert oder neunzig zu halten. Nur um den Jaguar herum ist völlige Windstille, oder? Er spult den Faden ab, unbeirrt.

Man sitzt ganz tief in ihm und überschaut ihn doch gut, denn er ist selbst zum Drauftreten niedrig. Mit dem ganz langen Arm lässt er sich nicht fahren, nur mit dem ziemlich langen. Unten an den Pedalen stimmt etwas nicht, denn der Fuß trifft das Bremspedal nie voll, sondern immer schräg rechts. Dass die Bremswirkung nicht darunter leidet, stimmt zwar, aber der Bedienungsgenuss wird dadurch getrübt. Vielleicht ist es Gewohnheit, so wie das Schalten. Zwischen dem ersten und dem zweiten muss man eine Pause einlegen, eine halbe Sekunde, sonst kracht es.

Eine Gattungskrankheit der Flunder? Aber sie ist so herrlich schnell, sie beschleunigt mühelos wie ein junger Hecht. Dennoch wäre es unfair gewesen, die schrubbte Flunder genau auszustoppen; unfair gegen den Jaguar E und unfair gegen meine Familie. Denn die Flunder hatte Tücken. In voller Fahrt machte sie Anstalten, sich zu entblößen, indem sich der Haubenverschluss von selber löste oder die eine Tür, die nur mit Gewalt zu schließen war, freiwillig öffnete. Und am Ende einer Autobahnfahrt (Schnitt 175) waren links vorn Profilrillen fast bis zur Leinwand durchgebrochen. Merke: Eine solche Flunder will zwar geschrubbt, aber mehr noch gepflegt überwacht werden! Denn 265 PS, wenn auch nur SAE, nagen fortgesetzt am Lebensnerv eines solchen Autos, wenn man sie nagen lässt. Man sollte sie weise nutzen, es geht ganz leicht. Man kann dieses Auto ohne viel Fingerspitzengefühl (außer beim Start, wenn die Pferde auf die Hinterräder stürzen) ganz zahm fahren. Im Stadtverkehr ist der IV. Gang noch für 40 km/h gut, im III. lässt sich so gut wie alles machen, und wenn man will, dann fährt man ganz leise. Auf Wunsch brüllt Flunder aber auf, als ob sie am Spieß hinge. Sie liegt so gut, und zwar in jeder Art von Kurven, dass es sich lohnt, dafür ein neues Wort zu prägen:

Sie liegt wie eine Flunder! Man fühlt sich in ihr so sicher wie in (fast) keiner Limousine. Sie beweist, dass Reserven alles sind – PS-Reserven, Bremsreserven, Fahrwerksreserven ergeben maximale Sicherheit. Man muss ja nicht zweihundert fahren oder mehr, man soll getrost einiges drin lassen, was ohnehin nicht mehr auf die Straße passt, aber man wird unablässig von Befriedigung darüber

erfüllt sein, dass noch so viel drin ist, Nicht aus Snobismus, sondern mit dem Gefühl einer Hausfrau, die rechtzeitig und reich eingekellert hat.
Dieses Auto ist mit einer Flasche Whisky vergleichbar, mit der man einen Mann allein lässt. Er muss entweder die Größe haben, sich zu beherrschen, sie also nicht hinunterzustürzen – oder die Routine und die Reife, sie wirklich verkraften zu können.
Ein Greenhorn söffe sich einen Katzenjammmer an. Der Jaguar E ist im Grunde ob der Möglichkeiten, die in ihm schlummern, nicht führer-, sondern waffenscheinpflichtig. Denn wenn man es auch nicht besonders spürt, dass man etwa hundertneunzig fährt – vergessen darf man es dennoch in keiner einzigen Zehntelsekunde!

Das Auto war silbergrau, hatte blanke Speichenräder und rote Lederpolster, einen kurzen, steifen Schaltknüppel auf dem hohen Getriebetunnel, neben dem man sich fast auf den Boden hockt, ein blindflugtaugliches Armaturenbrett und eine teleskopartig verstellbare Lenksäule. Und ein Lenkrad aus Holz, das sich so anfühlte, wie ein Maimorgen am Lago Maggiore – so nämlich, dass man weiß, dass noch alles drin ist in dem Tag, der vor einem liegt. Es war ein Auto, das man sogar noch mit Kännchen ölen durfte, ein Auto, das ich nur widerwillig zurückgab. Die Leute haben sich umgedreht, wo immer es auch fuhr oder stand, und die Mädchen an den Fußgängerüberwegen haben mit Tricks gearbeitet, die mir den Schweiß aus den Poren trieben ...
Das war schon ein Auto!

KAPITEL 10

EIN MGB-TYP

INN

FRITZ B. BUSCH GLAUBTE EINER ZU SEIN: EIN MGB-TYP

Ein Roadster hat mit Vernunft überhaupt nichts zu tun. Was immer wir auch reden, glauben oder träumen – die Ehe mit ihm ist anstrengend und entbehrungsreich, wenn auch nicht arm an lebensfrohen Höhepunkten.

Auch ich bin eins, ich glaube nämlich, ein MGB-Typ zu sein. Aber davon später. Und mit eigensinnigen Kindern soll man nicht streiten, es führt zu nichts. Man sollte zu ihnen sagen: Ei, was hat er denn da für einen schönen Spitfire, so schnell und so schön rot, eieieiei ist der aber prächtig!« Und siehe da, das große eigensinnige Kind wird übers ganze Gesicht strahlen und schön brav sein. Wehe aber, wenn man zu dem Knaben sagt: »Ja, warum hat er denn einen Porsche? Der MGB ist doch viel sportlicher und soo billig ...«, dann gibt es Ärger. Dann lauft der Knabe rot an und plärrt lauthals los. Am Ende wirft er noch mit Gegenständen.

Drum hat man es nicht leicht, wenn man über Automobile schreibt. Man erwirbt zwangsläufig Freund und Feind auf einen Streich. Und wenn man gar die Geschichten von den »Autos für Männer, die Pfeife rauchen« erfunden hat, dann frisst einem hinterher kein Hund mehr ein automatisches Getriebe aus der

Hand. Wenn ich jemandem erzähle, ich sei neulich von Dings noch Bums gefahren, dann ist das Erste, was man mich fragt: »In welcher Zeit?« Man stellt sich vor, dass ich zwischen Dings und Bums nur ein undeutlicher Strich gewesen bin, ein verwackeltes Foto vom letzten Rennen. Vielleicht war ich aber alle halbe Stunde ein Punkt, der irgendwo im Gras lag oder auf einer Kaffeeterrasse saß. Ich liege nämlich gern irgendwo im Gras, und ich sitze mit Leidenschaft auf Kaffeeterrassen herum. Ich trinke viel mehr Kaffee als Whisky, so leid es mir tut. Und jenseits der Alpen ernähre ich mich überwiegend von Espresso und Campari. Natürlich auf Kaffeeterrassen, in Kaffeegärten, unter bunten Markisen am Straßenrand, auf wackligen Stühlchen am Gehsteig.

Ja-ja, ich weiß, Whisky, das ist ein Getriebe mit Knüppelschaltung, ein englisches, schwergängiges, eins mit dem sehnsüchtigen Verlangen nach einem Tritt in den Hintern bei jedem Schaltvorgang. Und Kaffee und Campari, das ist Lenkradschaltung, butterweich, wenn nicht gar Getriebeautomatik. Und da wendet sich der Pfeifenraucher auch schon mit Grausen. Ich kann nicht viel mehr zu meiner Entschuldigung anführen, als dass ich den Kaffee ausschließlich schwarz und ungesüßt zu mir nehme und dass Campari bekanntlich ein gallebitteres Getränk ist.

Und ich kann Ihnen etwas über meine letzten Wochen erzählen, die ganz im Sinne der rauchenden Pfeife verliefen. Es gibt nämlich Leute, die meinen, ich sei

»JA, WARUM HAT ER DENN EINEN PORSCHE? DER MGB IST DOCH VIEL SPORTLICHER UND SOO BILLIG ...«

ein passionierter Cadillacfahrer geworden. Aber nein, gerade in den letzten Wochen trat ich meine Bandscheibe mit Füßen. Ich ließ mir den Wind ums Genick wehen und sah meinen Ehrgeiz darin, Gegner um Gegner niederzuringen, um fünfzig Meter weiter vorn und zwei Sekunden früher an der geschlossenen Bahnschranke anzukommen. Die Falten um meine Mundwinkel gruben sich wieder etwas tiefer ein, mein Auge leuchtete um ein paar Lux heller, und meine Muskeln begannen sich im gleichen Maße zu härten, wie meine Kreuzschmerzen zunahmen. Ich begann mit der Corvette, dem Sting Ray. Bitte, achten Sie genau auf die fachgerechte Feinheit des Ausdrucks. Es gibt nämlich männliche und weibliche Sportwagen, und nur urwüchsige Dialektiker pflegen zu sagen: »Gestern war ich mit dem Gisela im Wald.«

Mit dem Sting Ray fuhr ich also von Antwerpen nach Rom, und ich wählte den Weg über St. Tropez. Ich versuche immer, wohin ich auch reise, den Weg über St. Tropez zu nehmen. Das sollten

Sie auch machen, es fällt so viel Frohsinn dabei an, besonders in den Fällen, in denen Sie mit einem Sportwagen unterwegs sind. Aber ein 360 PS starker Sting Ray, der an keiner Ecke automatisiert, gebremshelft und geservot ist und dem man nur Federwege von der Länge eines Bananensteckers bewilligt hat, das ist Arbeit und Aufregung genug. Es ist Bodybuilding in seiner reinsten Form.

Um Sie zwischendurch einzuweihen, worauf ich überhaupt hinaus will: Ich will auf gar nichts hinaus! Ich will nur ein bisschen über Sportwagen plaudern und die Freude und den Unsinn, den

man mit ihnen erlebt. Würde man mich mit verbundenen Augen in den Sting Ray gesetzt und auf den Kurs geschickt haben, ich wäre wohl nie darauf gekommen, dass ich in einem Amerikaner sitze. Nein, ich hätte hundert zu eins dagegen gewettet, solch einer ist das.

Man muss abends, so nach rund 800 – 1000 Kilometern oder fünf Stunden Stadtfahrt, im Hotel das Kupplungsbein ganz hochlegen und sich vom Zimmermädchen oder einer mitgebrachten Dame essigsaure Umschläge aufs Knie legen lassen. Es ist so dick wie ein Fußball. Nach vier Tagen in Rom und um Rom herum hatte ich einen derartigen Muskelkater, dass ich das Campariglas nur noch mit den Zähnen anfassen konnte. Und ausgerechnet in dieser Verfassung laufen einem die Mädchen nach, als sei man aus der Rohölbranche. Wenn Sie einmal in einem feuerroten Sting Ray in Rom herumfahren und sich damit spät am Abend schrittweise über die Via Veneto schieben, erst dann, o Freund, kriegen Sie einen ungefähren Begriff davon, wie viele Mädchen es auf der Welt gibt, die Zeit für Sie haben! So ein Sting Ray sieht nämlich aus wie zwei Ferrari und ein Maserati zusammen, sozusagen gebündelt. Aber diese Mädchen sind nicht im Mindesten darauf gefasst, dass ein Sting Ray, ein nicht automatisierter, den ganzen Mann auffrisst vom Scheitel bis zur Sohle. Und außerdem ist man erst einmal zehn Minuten lang stocktaub, wenn man aus dem Coupé aussteigt, stocktaub und stocksteif, man benimmt sich wie ein alter Depp, und das Glas, das einem gereicht wird, fällt unten aus der verkrampften Hand wieder heraus.

So gesehen ist der Sting Ray ein ganz harmloses Auto. Aber man kann mit ihm noch überholen, wenn man bereits den Goldzahn im Munde des Gegners ausmachen kann. Man tritt dann nur drauf, und der Überholte und der Begegner werden sich fragen: »Was war das?« Eine Böe hat sie gestreift, die etwas Rotes davonwehte, und im gleichen Augenblick muss ganz in der Nahe ein Düsenjäger die Schallmauer durchbrochen haben. So ungefähr, die Leute werden es nicht ganz deuten können. Und auf der Autostrada kommt man sich vor wie ein Tiefflieger, nur dass man leider nicht hochziehen kann, wenn schon wieder einmal ein träumender kleiner Fiat nach links schwänzelt. Der Sting Ray müsste kurze Tragflächen bekommen, Stummelflügel und ein schmales Höhenruder am Heck. Es wäre zweifellos möglich, kurzzeitig eine ausreichende Höhe zu gewinnen, denn Fahrt ist genug drin in der Kiste.

Und dann stieg ich in einen ebenso roten MGB. Ich fuhr mit ihm, na, raten Sie mal, wohin? Stimmt! Und zwischen Monte Carlo und Genua wimmerten wir die Küstenstraße entlang, gingen hinter

Genua bis Piacenza in die Berge, in Piacenza auf die Autostrada und in Modena ins Autodrom, der MGB und ich.

Ich war auch mit dem Porsche Super 90 in Modena und mit dem Triumph TR 4. Um es schonungslos zu sagen, am liebsten fahre ich mit dem MGB, ich ziehe ihn dem Porsche vor. Aber wenn Sie mir einen TR 4 hinhalten und noch so schelmisch dabei mit den Augen zwinkern, dann bitte ich Sie um eine Limousine zum gleichen Preis. Und falls Sie mir einen Sunbeam Alpine unterschieben möchten, dann frage ich Sie, warum ich, ausgerechnet ich, plötzlich Lastwagen fahren soll?

Im TR 4 sitzt man so hoch und beengt wie in einem Opel P4, das Lenkrad und die Pedale kommen einem zu alledem noch von schräg rechts. Es ist eine für schnelles Fahren denkbar dämliche Sitzposition, und es muss ein irrsinnig gewitzter Kopf gewesen sein, der sie ausgeknobelt hat. Bestimmt hat er aber noch nie in einem MGB gesessen. Dessen Sitzfläche ist, nebenbei gesagt, unter den Oberschenkeln um genau 7,5 cm länger als beim Porsche, außerdem sitzt man im MGB einfach da – und die Pedale, das Lenkrad und der Schaltknüppel wachsen einem förmlich an die Füße und in die Hände. Man sitzt tief und lang drin und hat die Straße am Hintern. Wer im MGB schlecht zu sitzen glaubt, der sollte sofort aussteigen und das schnelle Fahren ein für allemal an den Nagel hängen.

In einem MGB sitzt man rennrichtig, und in einem Porsche sitzt man reiserichtig. Beides ist gut, aber ein MGB und ein Porsche Super 90 haben nichts, aber auch gar nichts gemeinsam. Fährt man sie beide um das Autodrom, so meint man kurz nach dem Umsteigen, sie hätten den Falschen reingesetzt und man selbst stünde noch an den Boxen, so anders kommt man sich vor. Ein MGB und ein Porsche Super 90 unterscheiden sich vor allem dadurch, dass man im MGB sofort und ohne Eingewöhnung schnell um den Kurs fahren kann, während man es auf dem Porsche erst lernen muss. Und weil ich ein MGB-Typ bin, habe ich etwas gegen Autos, auf denen man erst lernen muss, nicht herauszufliegen.

Wenn man raus will aus der Kurve, dann setzt der MGB sofort sein dem Porsche erheblich überlegenes Drehmoment ein, und er nimmt einem auch die Lenkkorrektur am Kurvenausgang (wenn man das rechte Vorderrad auf die Grasnarbe gesetzt hat) nicht übel, schwänzelt nicht, sondern sticht freudig geradeaus. Entschuldigen Sie schon, aber ich bin eben ein MGB-Typ, und warum sollten Sie kein Porsche-Typ sein?

Von den schnellen Zweisitzern, die ich in den letzten Wochen fuhr, waren drei nach meinem Herzen: Der Sting Ray, der Maserati 3500 GTI und der MGB. Nun wissen Sie, was Sie von mir zu halten haben. Den Stanguellini und den Lotus ließ ich nur deshalb stehen, weil sie beide für Leute gemacht waren, die zwanzig Zentimeter kürzer und 30 kg leichter sind als ich. So ein Formel Junior steht mir, wenn ich mich reingezwängt habe, wie ein Bikini. Ich gucke überall noch schamlos raus, und er kneift an eben

RAC
HOJ 173D

144 KJO

diesen Stellen. Man kann mich im Höchstfall ganz schnell darin fotografieren, bevor ich blau anlaufe, fahren kann ich damit leider nicht.

Der Sting Ray ist ein Sportwagen mit der Betonung auf der ersten Silbe, er ist ebenso offen und geradeheraus, ebenso hart und angriffslustig wie der MGB. Man weiß immer genau, was passieren wird, wenn man dies und das tut, obwohl der Sting Ray eine Pendelachse hat ...

Aber auch nach diesen harten und schönen Sportwagenwochen kehrte ich nicht ohne die neuerliche Erkenntnis in mein trautes Heim zurück, dass man mit einem Roadster oder einem schnellen, aber engen Coupé (das weiter nichts ist als ein reiferer Roadster) nicht verheiratet sein kann. Denn eine Ehefrau muss sich tagaus, tagein bewähren, ob's regnet oder schneit, ob Besuch kommt oder Kinder. Es wird immer Situationen geben, in denen man sich nach dem vernünftigen Auto sehnt, nach dem Fahrzeug mit der Bedienungserleichterung, dem leisen Motor, den bequemen Raumverhältnissen.

Ob Sting Ray, MGB oder Maserati – in allen dreien fährt sich's anstrengender von Hamburg nach Florenz als in

irgendeiner besseren Limousine. Man muss es so sehen. Mit der Limousine fährt man von Hamburg nach Florenz, um nach Florenz zu fahren – und mit dem Sportwagen fährt man hin, um zu fahren! Und wenn man es so sieht, dann ist alles wieder gut. Wer eine Limousine heiraten und sich einen Roadster nebenher halten kann, der ist natürlich am besten bedient. Das hat sich der Profumo wohl auch gesagt, bis ihn die Keeler aus der Kurve trug ...

War es nun Lord Snowdon, oder war es die Callas, die erst kürzlich zu mir sagte: »Die Welt wird eben täglich um eine Illusion ärmer ...«? Nein, ich glaube, es war meine Frau. Und sie hatte damit, wie immer, wieder einmal vollkommen recht.

KAPITEL 11

CHEVROLET BLAZER

350

LUXUS-TRAKTOR: CHEVROLET BLAZER

Es gibt Autos, die lassen einen nicht los. Nicht deshalb, weil man das Gurtschloss nicht aufbekommt, sondern weil sie einen bis in den Traum hinein verfolgen. Den Jaguar E musste ich mir kaufen, um endlich wieder ruhig schlafen zu können.

Der Chevrolet Blazer kreuzte, als ich von Alaska nach Feuerland fuhr, ständig meinen Weg. Tags auf den Highways, und nachts irrte er durch mein Motel-Zimmer. Bis nach Nicaragua hinunter sah ich ihn fast täglich. Von da an nur noch nachts, weil es ihn dann nicht mehr gab. Aber in Nicaragua fuhr ich ihn zum ersten Mal.

Und nun, fünf Vierteljahre danach, fuhr ich ihn zum zweiten Mal. Zu Hause in Europa. Aus dem Schnee Süddeutschlands hinunter in die Sonne der Côte d'Azur. Er ist kein Auto, das man schnurstracks in seine ernsthaften Kauf-Pläne einbezieht, er ist eher ein Traumwagen: Den würdest du kaufen, wenn ... Immerhin kostet das Super-Spielzeug rund 33 000 Mark und tut es bestimmt nicht und niemals unter 20 Liter auf Hundert. Allerdings Normalbenzin. In Italien freilich will auch er Super haben, weil das, was sie einem dort unterhalb vom Super-Preis in den Tank schütten, eher so eine Art Lampen-Petroleum ist. Etwa zweihundert Kilometer weit hat der Blazer meinen Leichtsinn verkraftet. Dann ließ ich den Rest im Tank mit Super veredeln.

Zum Blazer-Fahrer sind die Tankwarte besonders liebenswürdig, denn man tankt meistens gleich 100 Liter. Erst dann klickt das Rückschlagventil am Schlauchende. 110 Liter passen hinein. Da würden sie einem gern die Windschutzscheibe putzen – aber meistens ist keine Leiter zur Hand. Des Blazers Motorhaube befindet sich nämlich auf der Höhe eines normalen Limousinendachs.

Wenn man nach dem Ölstand schauen will, muss man den Blazer besteigen. Man kann dann die Beine im Motorraum baumeln lassen. Manchmal gibt es Applaus von Schaulustigen, die sich rasch zusammenrotten, wenn man irgendetwas am Blazer aufklappt. Der französische Tankstellen-Pächter, der ihn unter Zuhilfenahme einer wackeligen Treppenleiter wusch, kassierte offenbar Gefahrenzulage. Der Spaß kostete mich so viel wie drei normale Pkw-Wäschen.

Man wird als Blazer-Fahrer in die höchste Steuerklasse eingestuft. Auch vom Hotel-Personal. Und von den Mädchen. Der Blazer hat wohl Ähnlichkeit mit einem Safe. Und so etwas knacken die Mädchen gern. Nicht alle. Zum Glück nur die, von denen man sich nicht ungern ausrauben lässt. Bis aufs Hemd. Eigentlich wollte ich ihn gar nicht ernst nehmen. Nur mit ihm spielen. Er wiegt 2,2 Tonnen, hat acht Zylinder und 5,7 Liter Hubraum, und seine 165 DIN-PS entlocken ihm bei nur 4400 Rotationen pro Minute nicht das leiseste Keuchen. Lächelnd bewegen sie

zwei Lastwagen-Achsen, von denen auch die vordere etwas außerhalb der Mitte mit einem Mords-Differential bestückt ist. Wenn man will, läuft der allradgetriebene Blazer neben dem Ski-Lift die Piste hinauf.

Nur mit ihm spielen, wie gesagt. Aber dann geschah dieses: Schneesturm und Verwehungen, die Steigungen vereist, der Verkehr zusammengebrochen. Schrägstehende Lastzüge, Pkw-Fahrer, die außerstande sind, sich auch nur zehn Meter weit fortzupflanzen, weshalb sie beginnen, den Spritvorrat im Stand zu verheizen. Schöne Bescherung. Und ich mittendrin. Und habe doch eine Viertelstunde lang ganz vergessen, auf was ich sitze. Denn die Pkw-Atmosphäre in ihm ist vollkommen. Aber dann zündet es in mir. Ein prüfender Blick, kurz zurückgestoßen, dann rechts raus, runter von der Piste, durch eine Schneewehe auf den Acker. Ich lenke das hochbeinige, würfelförmige Gehäuse querfeldein bis zu einem Weg, der auf eine Bundesstraße führt – und bin gerettet.

Da wird man nachdenklich. Denn diese winterlichen Spring-Prozessionen sind keine Seltenheit. Allradantrieb? Warum eigentlich nicht? Oder weshalb immer gleich in Riesendimensionen oder militärisch-blechern? Ein Auto wie der Citroën GS mit Niveauverstellung bis zum Storchenschritt und zwei Antriebsachsen – wäre das etwa nichts? Auch mein Haus am Wald ist eingeschneit. Doch nun weiß ich, dass ich gar keine Wege brauche, fahre querbeet in die Richtung, in die ich will, und es sind ganz beachtliche Hänge, die ich mühelos bewältige. Mit Automatik und Servolenkung, mit leise saugender Maschine. Also ganz ohne Pionier-Gehabe, ohne Krawall.
Da wird einem warm ums Herz. Da pfeift man sein Liedchen. Und da kommt der Augenblick, wo man dem Ding einen Klaps auf die blecherne Flanke gibt. Jeden Morgen schaut man zuerst nach, ob es schon wieder geschneit hat. Hoffentlich! Sein Kriechgang würde auch einen Räumschild schieben. Und man darf mit ihm bis zu 2700 kg Angehängtes ziehen. Ein Luxus-Traktor.
Erster negativer Eindruck auf den trockenen Straßen jenseits des Bernardino-Tunnels: Die Art, wie er nicht geradeausläuft, ist stark gewöhnungsbedürftig. Das hatte ich im Schnee nicht bemerkt. Jctzt lcrnc ich ganz von vorne Auto fahren, beim Lenken zielen, um am Gegenverkehr vorbeizukommen. Am Westufer des Lago Maggiore auf der schmalen Küstenstraße lenkt die Zunge mit wie damals in der ersten Fahrstunde. Mache ich irgendwas falsch?

Nun, da sind die herben Eigenlenkbewegungen der vorderen, blattgefederten Starrachse. Da sind aber auch die sehr grobstolligen Winterreifen. Und da ist der Blazer-Anfänger am Volant. Nach einigen Fahrstunden geht es schon besser. Man blickt weit voraus, zielt langfristig

und lernt es, den Schlenker, den man im Lenkrad spürt, weich auszusteuern. Korrigiert man ihn – erschrocken – hart, gerät man in einen Gegenschlenker und von diesem zurück in einen noch heftigeren und kommt sich vor wie der Anfänger auf dem Fahrrad.

Bald blieb ich problemlos auf Kurs und marschierte mit 150 auf dem Tacho über die Autostrada. Und als ich den Blazer später mit Sommerreifen fuhr, erschien mir, dem Geübten, der Geradeauslauf ohne Fehl.

Der großvolumige Motor, die fingerleichte Servolenkung und die Getriebe-Automatik bereiten Fahrvergnügen. Es wird gesteigert durch das überlegene Sitzgefühl: Hoch über der Straße mit Blick auf die Dächer der anderen Autos treibt man mit Panorama-Sicht dahin. Sitzt hinter einem instrumentenübersäten Brett aus falschem Edelholz und legt den linken Arm lässig aufs Fensterbrett. Das Ablagefach zwischen den Vordersitzen des 2,04 m breiten Wagens ist so gewaltig groß, dass ein Auto-Atlas auf seinem tiefsten Grund auf die Dimensionn einer Postkarte zu schrumpfen scheint. Kameras und Thermosflaschen und ganze Lunch-Pakete vermögen es kaum zu füllen. Und es hat einen stabilen Deckel, der dies alles vor den Augen derer verbirgt, die ständig um ihn herumstreunen, wenn er irgendwo parkt.

Die Einzelsitze haben starre Lehnen. Ich ahnte nicht, dass es das noch gibt. Der Beifahrer kann kein Nickerchen machen, und der Fahrer kann seine Haltung nicht korrigieren. Und überhaupt – dies ist ein Auto, in dem der Mann Liegesitze braucht. Um der Wahrheit die Ehre zu geben: Die Amis fahren den Blazer meistens mit daheimgelassener Rücksitzbank. Die Bank lässt sich nämlich weder wegklappen, noch ist die Lehne umlegbar. Sie ist eine gut gepolsterte Gartenbank, die man herausschrauben muss, wenn der hintere Laderaum benötigt wird. Woraus erhellt, dass die gesamte Bestuhlung uneuropäisch ist. Jammerschade. Ganz ohne Bank lässt es sich hintendrin allerdings fröhlich sein.

0177 AA

Der hinter der Bank klaffende Gepäckraum reicht für normale Nutzung allerdings vollkommen aus. Ein Koffer verliert sich darin wie der Auto-Atlas im Staufach.

Mit eingeschraubter Bank lässt es sich zu Fünfen reisen. Aber die Fond-Passagiere fechten einen steten Kampf mit ihren Beinen aus – es gibt nämlich keine Fußwannen im Wagenboden. Das lässt die Allrad-Mechanik nicht zu. Deshalb sitzen Erwachsene hinten mit dem Kinn auf den Knien. Aber Kinder sitzen gut. Und in der Praxis ist alles wieder halb so schlimm: Zwei erwachsene Rücksitz-Passagiere lümmeln sich je in eine Ecke und bewahren ihre Beine schräg zur Fahrtrichtung auf.

Bei genauem Hinsehen ist der Fondraum nichts weiter als eine hervorragend gut ausgekleidete Ladepritsche. Das Dach über ihr entpuppt sich als Hardtop und lässt sich entfernen. Und die Hecktür ist eine lastwagenschwere Ladeklappe, aus der sich ein Heckfenster herauskurbeln lässt. Strippt man den Blazer, präsentiert er sich als Lastwagen. Wer sich zu ihm noch einen Bauernhof kauft, kann ihn nach Herzenslust nutznießen.

Der Blazer klingt, so beschrieben, manchmal ungut. Aber man tut ihm unrecht, wenn man staubtrocken von seiner Ladepritsche und seinem Lkw-Habitus spricht. Denn er ist in jeder Erscheinungsform bestechend schön. Ob mit Hardtop oder ohne, mit oder ohne Rücksitzbank, mit offener oder geschlossener Heckklappe: Er Ist die Marylin Monroe unter den Gelände-Pkw. Man pfeift ihm anerkennend nach. Er ist eine Hingucke. Jeder verdient eine Ohrfeige, der da sagt: Ja, wenn es ihn mit Diesel-Motor gäbe! Auch ich erlag diesem Irrtum minutenlang (ich hatte gerade aufgetankt, und ein Hunderter war futsch). Aber nein, dann wäre er kein Blazer mehr! Drüben gibt es ihn auch mit sechs Zylindern, so fuhr ich ihn in Nicaragua, aber schon das ist ein Abstrich. Er lebt von seinen acht Zylindern und der Art, wie sie Kraft erzeugen.

Kraft, die automatisch und hydraulisch gewandelt zu den beiden Differentialen fließt – butterweich. Egal, wohin man den Wählhebel gestellt oder welche Gelände-Untersetzung man gewählt hat, man wird wie am seidenen Faden den Hang hinaufgezogen. Es ist ein besonderer Genuss, mit dieser Pullman-Limousine querfeldein zu fahren.

Denn auch die Federung ist weich. Wenn Mary-Lu sagt: Da oben auf dem Berg blühen schon die Gänseblümchen – dann schwebt man rauf und pflückt ihr eines. Das geht, weil man mit zwei Wählhebeln spielen kann. Der eine wächst aus der Lenksäule und betätigt die Dreigang-Getriebeautomatik. Der andere ragt aus der Mittelkonsole und kann zaubern:

- In Stellung N sind beide Achsen ausgeschaltet, und der Motor könnte eine Seilwinde oder ähnlich Angezapftes betreiben.
- Stellung H ist für den Normalbetrieb auf der Straße. Sie belässt den Blazer im Pkw-Zustand.
- H Loc sperrt das Differential des Zwischengetriebes und befähigt die

beiden Antriebsachsen, mit Schnee oder Schlamm fertig zu werden.

- L untersetzt das Ganze auf 2 :1 und hilft, schwere Ladung oder Angehängtes durch gebirgiges Gelände zu schaffen.
- L Loc macht alles möglich. Mit gesperrtem Differential des Zwischengetriebes, Untersetzung 2 :1 und bei ein¬gelegter erster Automatik-Gangstufe kriecht der Blazer durch Schneewehen, Schlammlöcher oder die Wände hoch.

Leider marschieren immer beide Antriebsachsen mit. Der Blazer lässt sich nicht mit Zweirad-Antrieb fahren. Das stört zwar nie, kostet aber sicher Sprit.

So sieht es also unter dem hübschen Blazer-Blech aus: Da drunter versteckt sich eine Art Unimog. Und es gibt kaum eine Himmelsrichtung, über die der Mann, der das Abenteuer sucht, in freier Wildbahn nicht vorstoßen kann, ohne auf die Straßenkarte schauen zu müssen.

Als Reisewagen benutzt, vernaschte er 21,4 Liter auf hundert Kilometer. Das ergab sich nach 2650 km Fahrstrecke. Im Gelände werden es wohl etliche Liter mehr sein, und mit einem 2000 kg-Boot oder -Caravan auf dem Haken sind es, aus ähnlichen Erfahrungen hochgerechnet, dann wohl 30 bis 35 Liter, sofern man sich an die Gespann-Geschwindigkeit von 80 km/h hält. Wer ihn als Expeditionsfahrzeug benutzt, der muss sich wohl auf einen Schnitt von 25 l/100 km einrichten. Zuviel ist das im Grunde nicht, man darf sich nur keine Gewissensbisse wegen der Erdöl-Reserven machen.

Der in der Bundesrepublik über von General Motors ausgewählte Opel-Händler erhältliche Blazer trägt noch die Zusatzbezeichnung »Cheyenne«. Sie steht für eine Ausstattung, die für europäische Automobilverbraucher selbstverständlich, für den Rinderzüchter in Arizona aber durchaus entbehrlich ist.

Der Cheyenne kostet 33 275,- DM. Und wenn Sie jetzt an diesen oder jenen anderen Luxus-Traktor denken, dann wage ich zu behaupten, dass der Blazer der robustere ist. Er ist bei allem äußeren Liebreiz von einer Solidität, als hätte man ihn aus dem vollen geschnitzt. An der hinteren Heckklappe kann man sich leicht einen Bruch heben. Beim Blazer kriegt man noch Blech für sein Geld, und keine lackierte Folie.

In eines Mannes Garage sollte eine Limousine stehen, ein Roadster und ein Blazer. Das Motorrad passt leicht noch vorne quer an die Wand. Dann weiß er, dass sich all das, was ihm manchmal so an die Nieren geht, doch irgendwie lohnt.

»WENN MARY-LU SAGT: DA OBEN AUF DEM BERG BLÜHEN SCHON DIE GÄNSEBLÜMCHEN – DANN SCHWEBT MAN RAUF UND PFLÜCKT IHR EINES.«

CHEVROLET
1979
TRACKER A-T
GOODYEAR

KAPITEL 12

UAZ 469 »TUNDRA«

IWAN DER TREFFLICHE: UAZ 469 »TUNDRA«

Dass es Männer gibt, die einen Fourwheel-Drive nicht zum Spielen kaufen, sondern deshalb, weil sie ihn tatsächlich brauchen, scheint völlig in Vergessenheit geraten zu sein. Besonders bei denen, die über solche Autos schreiben. Und so setzen die auch ihre Maßstäbe. Ich bin aber ein Verwender dieses Dinges im Sinne des Erfinders.

Ich brauchte dringend ein Auto, das zwei Tonnen Anhängelast ziehen kann, weil ein Tandem-Transporthänger mit einem Oldtimer obendrauf leicht so schwer wird. Ich brauchte ein Auto, das extrem wintertauglich ist, weil ich so wohne, dass ich zwischen November und März häufig eingeschneit werde. Dabei stelle ich dann immer wieder aufs Neue fest, dass unsere schönen, schnellen, windschlüpfigen und bugspoilerbewehrten Tief-Lieger nur für jenes Wetter taugen, das bevorzugt in den Prospekten von Automobilherstellern und Reiseveranstaltern herrscht.

»ICH HALTE GELÄNDEGÄNGIGE HOCHBEINER FÜR ZWECKENTFREMDET, WENN MAN SIE AUTOBAHNJAGDEN VERANSTALTEN LÄSST.«

Dieses Auto sollte aber nicht unnötig teuer in der Anschaffung sein, nicht unnötig viel Sprit verbrauchen und so wenig wie möglich Steuer und Versicherung kosten, weil es bei mir als Viert-Wagen läuft. Ich wusste auch genau, was das Auto bei mir nicht können muss:
Es muss nicht mehr als 100 km/h fahren, denn dazu habe ich noch ganz andere Autos zur Verfügung, und außerdem halte ich geländegängige Hochbeiner für zweckentfremdet, wenn man sie Autobahn-Jagden veranstalten lässt. Es muss auch nicht vor Spiel-Casinos und Kurhotels standesgemäß wirken, weil man mich dort niemals vorfindet. Es muss nicht so tun, als sei ich ein verhinderter GI oder gar ein Ledernacken, weil ich schon zu einer Zeit Soldat war, als auf solche noch scharf geschossen wurde.
Solchermaßen wissend, was ich nötig hatte, suchte ich zunächst nach einem gebrauchten Land-Rover, kam aber schon bald dahinter, dass ein solcher so viel kostet oder mehr noch als ein nagelneuer Tundra. Dieser hat einen ebenbürtigen Motor und optisch weniger Lkw Charakter, auf den ich keinen Wert lege, weil ich im Auto selbst weder erlegte Löwen noch Betonmischer, sondern lediglich ein paar Insassen zu transportieren gedenke.

Ich stieß auf den Tundra. Zunächst verblüffte mich der Preis, nach ausgiebigen Probefahrten er selbst. Ich horchte mehrfach auf, und dann kaufte ich ihn mir. Mit einer Zweitonnen-Anhängerkupplung und Radio (wegen des Verkehrsfunks) kostete er 17 600 Mark.

Mit geringem Aufwand, der vornehmlich in der Anheftung einiger Zierleisten bestand, die man als Meterware kaufen kann, richtete ich den Wagen in zweistündiger Arbeit so her, dass ich annehmen durfte, ihn nun auch meiner Frau zeigen zu können, ohne sie den Gefahren eines Schocks auszusetzen.

Es war ein echtes Erfolgs-Erlebnis – sie war vom Tundra auf Anhieb begeistert. Das hängt aber ganz gewiss damit zusammen, dass ich ihr zuvor immer ausgelatschte, froschgrüne, zerbeulte Land-Rover gezeigt und gedroht hatte: »Siehste, so einen will ich haben.«

Da war der saharagelbe Tundra mit seinem erheblich zivileren Aussehen für sie

wohl eine angenehme Überraschung. Zum Einfahren des Tundra blieb wenig Zeit, denn der Urlaub stand vor der Tür und daneben ein reisefertig gepackter, eineinhalb Tonnen schwerer Caravan. So klinkte ich denn nach rund eintausend Solo-Kilometern die rollende Fürsten-Suite ein undzog gen Süden.

Seitdem weiß ich, dass der Tundra für so etwas 18,5 l auf 100 km braucht. Einschließlich der Bergstrecken. Auf der Autostrada mit 80 rollend war es ein Liter weniger. Und solo fahre ich nun schon seit Monaten mit 16 l/100 km herum. Dabei bedaure ich, diesen teuren Normalsprit kaufen zu müssen, aber so miesen Sprit, wie ihn der Tundra wegen seiner vorsintflutlich geringen Verdichtung von 6,7 verkraftet, kriegt man im Westen nirgendwo.

Der Vierzylinder-Motor holt aus 2,5 Liter Hubraum bei 4000/min 75 PS (55 kW), und seinen besten Drehmomentwert liefert er schon bei 2000/min. Dass sich dieser Benziner mit dem Leistungsbild eines Diesels wesentlich kultivierter als ein solcher benimmt, liegt auf der Hand. Und außerdem dürfte er ihm in der Lebensdauer nicht nachstehen. Ich kann dem Motor, der in einer Schachtel schafft, ohne akustisch lästig zu werden, nichts vorwerfen.

Ihm ist ein gewaltiger Ölkühler vorgeschaltet, dessen Durchströmung man im Winter durch Zudrehen eines Hahnes verhindern kann, der im Sommer aber die Maschine auch unter den ungünstigsten Bedingungen kühl bis ins Mark hält. Darunter verstehe ich 85

Grad Kühlwassertemperatur auch dann, wenn man, wie ich es tat, einen fast drei Tonnen schweren, vollgummibereiften Oldtimer-Traktor an einer Schleppstange über eine Stunde lang durch die Gegend zieht. Auch bergauf, weil man ihn unbedingt in sein Museum einbringen will wie der Bauer die Ernte. Dabei hatte ich zwar den Allradantrieb eingeschaltet, brauchte aber nicht das Untersetzungsgetriebe, sondern nur den normalen zweiten Gang.

Über den Tundra habe ich schon etliche Testberichte gelesen, aber die stammten wohl durchweg von Männern, die den ersten Geländewagen ihres Lebens bewegten. Sie beanstandeten doch tatsächlich den mangelhaften Federungskomfort, mokierten sich über die Zahnradgeräusche im Keller, und sie brachten ihr Befremden darüber zum Ausdruck, dass der Hochbeinige – er hat die größte Bodenfreiheit von allen Vergleichbaren – bei schneller Kurvenfahrt nach außen dränge.

Und sie begannen ihre Geschichte damit, dass es einige Kraftanstrengung koste, den russischen Zündschlüssel im russischen Zündschloss zum Zwecke des Startvorganges herumzudrehen. Die Wahrheit aber ist, dass es sich da um einen deutschen Zündschlüssel in einer deutschen Panzerzündspule von Bosch handelt, die der Tundra nur deshalb hat, weil der deutsche TÜV darauf besteht. Sie fungiert nämlich als Diebstahlsicherung.

Was keinem dieser Kritiker auffiel, ist die erstaunliche Tatsache, dass der Tundra, obwohl er auch vorne ein blattgefederter

Starrachser ist wie Chevrolet Blazer, Land-Rover Jeep und Toyota Land Cruiser, einen ganz ausgezeichneten Geradeauslauf hat. Es bedarf keiner Lenk- und Zungenakrobatik. Das Ding läuft so geradeaus, wie es Jeep- und Blazer-Fahrer erträumen. Was die Schaltbarkeit des Getriebes betrifft, so mag den Ungeübten die Tatsache verwirren, dass

sich der erste Gang fast niemals einlegen lässt. Man kann ihn aber, aus dem zweiten kommend, überlisten. Aber eigentlich ist der erste so gut wie überflüssig. Bis zu einer Anhängelast von 1,5 Tonnen fährt das Auto im zweiten an, als wäre er der erste. Der stört nur, denn ob seiner Kürze reicht er nur bis 25 km/h.

Am Neuwagen können Zahnradgeräusche störend wirken. Sie sinken aber mit der Zeit zu einem dumpfen Murmeln ab, weil sich die Flanken einschleifen. Immerhin hat ein solcher Wagen mit Front- und Heckantrieb zwei Differenziale, ein Zwischen- und Untersetzungsgetriebe und das alles eine Spur robuster als in einem Personenwagen. Nachdem ich einige selbstklebende Teroson-Platten

und -Schaummatten im Wagenkörper verteilt habe, schnarcht Iwan nur noch, anstatt aufmüpfig zu lärmen.

Wir wollen nicht vergessen, dass jeder blecherne Kübelwagen, den man nicht »ausfüttern« kann, weil er ja winterfest sein muss, das verbriefte Recht hat, Geräusche zu verbreiten. Immerhin benötigen unsere kultivierten Limousinen bis zu zwei Zentner Dämpfungsmaterial, um sich akustisch benehmen zu können.

Jeder Tundra-Händler (der übrigens in erster Linie auch ein Lada-Händler ist) führt Ihnen die Geländetauglichkeit des Tundra gern vor. Er hat nicht das Geringste zu verbergen, denn da, wo der Tundra herkommt, sind schon die Straßen Gelände. Aber obwohl ich in den Bergen wohne, habe ich mit ihm bisher weder Kiesgrubenwände erklimmen noch Flüsse oder gar Schlammlöcher durchwaten müssen. Einem Club, der solche Unternehmungen künstlich aufzieht, gehöre ich auch nicht an. Ich kann mir auch kaum vorstellen, wo in Europa ich auf die Watfähigkeit und Steigfähigkeit meines Tundra angewiesen sein könnte.

Mir wird es schon genügen, wenn er mich mit seinen dicken Reifen und seinen acht Gängen und seinen vier angetriebenen Rädern gut durch den Winter bringt. Notfalls runter von der Straße, wenn sie von hängengebliebenen Limousinen blockiert ist – und querfeldein auf und davon, das kann er bestimmt. In einigen Tagen bekommt er ein Hardtop. Eine überdimensionierte Heizung hat er von Haus aus, denn in Russland ist es manchmal kälter als bei uns.

Als der Tundra nach Deutschland kam, haben ihn seine ersten Eigner hier und da umgebracht. Sie sind mit dem neuen Wagen vom Händler weg mit voller Pulle Autobahn gefahren. Das sind beim Tundra 115 km/h. Und das hat die nicht eingefahrene Maschine übelgenommen.

Kein Wunder, denn die will anfänglich noch, wie unsere Motoren früher auch, verständnisvoll behandelt werden. Jenen Unholden haben wir es zu verdanken, dass die Deutsche Lada Import GmbH in Neu Wulmstorf bei Hamburg jeden Tundra mit einem Schalter ausrüstet, der von der Tachowelle gesteuert wird und der bei 85 km/h die Zündung unterbricht. Natürlich habe ich das entscheidende Kabel gelöst und marschiere mit 100.

Wie der Tundra beschleunigt? Ich weigere mich, das zu stoppen. Er hat 75 PS und wiegt 1540 kg. Da kann ebenso wenig Temperament herauskommen wie bei einem gleich starken und gleich schweren Diesel. Also, vergessen wir's. Im zweiten Gang angefahren, macht er jeden Ampelstart mit, ohne aufzufallen.

Er hat einige echte Nachteile: Der Wendekreis ist mit 12,5 m sehr groß. Beim Rangieren ist die Lenkung recht schwergängig. Das Verdeck besteht aus einem unansehnlichen, unnötig dicken Material, aus dem man Zirkuszelte bauen könnte. Die Metallbewehrungen des Verdeck-Mechanismus sind so dünn verzinkt, dass sie schon bei Sonnenschein rosten. Die Karosserie ist nur flüchtig lackiert, an beanspruchten Stellen erscheint sofort das zwar dicke, aber nackte Blech. Die Karosserie ist im Bereich vor der Windschutzscheibe, offenbar an den Frischluft- und Heizluftschächten, undicht. Da tropft es bei Regen kräftig in den Fußraum. Die Türen sind nicht abschließbar. Am Fahrwerk wimmelt es von Schmiernippeln, um die man sich kümmern muss.

»WAS DIE SCHALTBARKEIT DES GETRIEBES BETRIFFT, SO MAG DEN UNGEÜBTEN DIE TATSCHE VERWIRREN, DASS SICH DER ERSTE GANG FAST NIEMALS EINLEGEN LÄSST.«

Aber ich sagte wohl schon, dass er ein Werkzeug ist, ein Arbeitsgerät in ansprechender Verpackung, um das man sich gern kümmert. Hier und da wird man ihn auch in Eigenarbeit verbessern. Er erinnert mich manchmal an einen Oldtimer. Aber ich warne davor, ihn als Alleinwagen zu fahren. Er ist ein Zweitwagen.

Wenn man genau weiß, wofür man ihn haben will oder gar braucht, dann ist man gut mit ihm bedient. Und im Übrigen sind auch legendäre, über jede Kritik erhabene Fahrzeuge wie der Land-Rover und der Jeep in ihren Open-Air-Versionen weder dicht noch leise noch komfortabel. Nur viel teurer. Wir nennen ihn »Iwan den Trefflichen«. Woraus schon erhellt, dass ihm niemand ernstlich böse ist. Nicht mal meine Frau.

KAPITEL 13

ALFA ROMEO GIULIETTA SPIDER

FRITZ B. BUSCH

DURCHGEHEND GEÖFFNET: ALFA ROMEO GIULIETTA SPIDER

Weil unsere Zeit arm ist an originellen Automobilen, und weil man sie nun auch noch im Windkanal ihres letzten persönlichen Gesichtsausdruckes beraubt, also weil sie mehr und mehr zu uniformen Schachteln degenerieren mit Rädern dran, deshalb macht es so viel Spaß, sich ein Auto zu kaufen, das es nicht mehr gibt. Als es solche Autos gab, gab es auch noch die Freiheit, Automobile zu bauen, ohne auf die Meinung des Gesetzgebers hören zu müssen.

Den ganzen Schlamassel haben uns diese hysterischen Amerikaner eingebrockt, die es als einzige bitter nötig hatten, aus ihren schlecht liegenden, noch schlechter gebremsten, verschwenderisch motorisierten, starrachsigen, kutschwagengefederten und mit Chromsplittern bewaffneten Pralinenschachteln durch gesetzgeberischen Zugriff richtige Automobile zu machen. Die haben es uns eingebrockt

Das ist dann so ausgeufert, dass ein neu geschöpftes Automobil heute in erster

Linie den Beweis erbringen muss, dass es keine vermeidbaren Krankenhaus- oder Bestattungskosten verursacht.
Nach der Überwindung weiterer trübseliger Hürden darf es dann notfalls auch noch Spaß machen. Unsere fahrerischen Qualitäten sind allem Anschein nach derart mitdegeneriert, dass man unser Auto erst einmal mit 80 km/h gegen eine Mauer knallt, ehe man wagt, es uns in die Hand zu drücken. So, wie man Kindern Schokoladen-Zigaretten gibt und Geistes-kranke in Gummizellen aufbewahrt. Nicht anders springt man mit uns um. Man hält uns für außerstande, unser Auto anders als selbstmörderisch zu handhaben.
Ein Spider wie die Alfa Giulietta blieb dabei natürlich auf der Strecke. Ich meine die Giulietta, die noch das hübsche, unverfälschte, kesse Alfa-Gesicht hat, eben die echte.
Als sie jung war, die von Pininfarina ebenso frech wie fesch, ebenso fröhlich wie übermütig und oben ganz ohne eingekleidete Giulietta, also so um 1960 herum, begab ich mich mehrmals im Jahr an die italienische Riviera, um dort auf Kaffeehaus-Stühlchen unter bunten Markisen zu träumen. Ich schlief in mitgebrachten Wohnwagen, fuhr mit selbst aufgeblasenen Schiffen aufs Meer hinaus und aß mit Vorliebe Spaghetti a la Bolognese – des Geschmacks und der Kosten wegen. Damals jubelte sie über die Promenaden, strich die Küstenstraße entlang, parkte unter Palmen und transportierte übermütige Pärchen in stimmungsvolle Lokale, die noch nicht Diskothek hießen, sondern »Luna verde« oder so ähnlich, und in denen noch melodisch gesungen und nicht frenetisch gebrüllt wurde.

»AUCH DIE GIULIETTA SANG MELODISCH, ZUM EINEN MIT DEM MOTOR, ZUM ANDEREN MIT DEN REIFEN AUF HEISSEM ASPHALT UND ZUM DRITTEN MIT IHRER FANFARE, DIE EIN FRÖHLICHES LIEDCHEN PFIFF.«

Auch die Giulietta sang melodisch, zum einen mit dem Motor, zum anderen mit den Reifen auf heißem Asphalt und zum dritten mit ihrer Fanfare, die ein fröhliches Liedchen pfiff, wenn man den Hupenknopf niederdrückte. Dieses alles klang so intensiv nach Lebensfreude, dass man in einen Rausch geriet: Das ist das Leben, und die Zukunft wird wunderbar sein. Die goldenen Jahre währten von der Mitte der fünfziger bis zur Mitte der sechziger Jahre. Es gab also goldene

Fünfziger und goldene Sechziger, aber zusammen machten sie nur ein Jahrzehnt aus. Wir glaubten damals noch an Wunder und brachten es fertig, uns aus dem Stand heraus urplötzlich himmelhoch-jauchzend zu freuen.

Danach haben sie nichts unversucht gelassen, unsere Welt Schritt für Schritt kaputtzumachen. So viel Frohsinn war ihnen nicht bekommen.

Die Giulietta von Alfa Romeo war als Spider ein echtes Kind dieser Zeit. Arglos und verspielt, und hingebungsvoll damit beschäftigt, Freude zu verbreiten. Wenn ich ihr nachblickte, musste ich lächeln, und wenn sie vor mir stand,

bekam ich Herzklopfen – sie war ein Ding zum Verlieben.
Aber sie blieb für die meisten von uns ein Traumwagen, denn sie kostete knapp 1000 Mark mehr als ein großer Sechszylinder wie der Opel Kapitän, den damals die Bosse fuhren. Man verdiente 500 bis 700 Mark.

Damit Sie das richtig sehen: Damals baute BMW noch immer die Isetta, Lloyd den Alexander, Fiat den Neckar, Ford brachte gerade die »Badewanne« heraus, und der VW-Standard hatte noch Seilzugbremsen. Das war 1961.
Der Jaguar E war gerade erfunden worden. Da holte sie schon 80 PS aus 1,3 Liter, natürlich mit zwei obenliegenden Nockenwellen. Und sie lief 165 km/h. Der Opel Kapitän machte 150 km/h. Sie war also unerhört schnell. Und gemein teuer. Ein Espresso kostet 30 Pfennige, und 1000 Lire waren noch Fünf Mark Sechzig. Sie kostete knapp 12.000 Mark. Wenn man damals einen Groschen in die Musicbox am Stand neben der Cafeteria steckte, erklangen solche Liedchen wie »Ciao, ciao Bambina!« und »Zwei kleine Italiener«, aber auch »Ein Schiff wird kommen«.
Alfa baute die Giulietta auch als »Sprint«, das war das Coupe, und es ist heute noch wunderschön. Aber ich habe immer mehr für die offenen Wagen geschwärmt. Und deshalb gehörte mein Herz auch dem Spider.
15 Jahre vergingen, bis ein Alfa Giulietta Spider auf meinen Namen zugelassen wurde. Im Mai 1976, an meinem Geburtstag, drückte der Beamte von der Verkehrsabteilung den Stempel in den Kfz-Brief, in den er zuvor meinen Namen und meine Adresse geschrieben hatte. Und dann fuhr ich mit dem Ding schnurstracks über den Bernardino und durchs Tessin nach Italien. Man wird doch wohl 15 Jahre warten können. Was sind schon 15 Jahre? Nun jubelte sie mit

»ICH HATTE SIE AZZUROBLAU SPRITZEN LASSEN. ES IST EINE WUNDERBARE FARBE. SIE PASST HERVORRAGEND ZU BRAUNER HAUT IN EINEM WEISSEN BIKINI, UND AUCH ZUM FRÖHLICHEN ROT EINES CAMPARI-SODA.«

mir über die Küstenstraße. Ich hatte sie azzuroblau spritzen lassen. Es ist eine wunderbare Farbe. Sie passt hervorragend zu brauner Haut in einem weißen Bikini, und auch zum fröhlichen Rot eines Campari-Soda. Und zu goldgelbem Sand.

Die Dame, die ihn vor mir besessen hatte, weinte still in sich hinein, als ich ihr den Kaufpreis zu Füßen legte. »So viel Schönes hab' ich mit ihm erlebt ... «. Ich glaubte es ihr aufs Wort. Nun war ihr Mann dagegen, dass sie weiterhin mit dem offenen Alfa herumfuhr. Vielleicht war's des Schönen zu viel geworden? Es gibt Autos, mit denen fliegen einem die Dummheiten nur so zu. Verzeihung – es gab solche Autos.

Mein Museum hat drei Tore, und an einem jeden steht sprungbereit ein offener Zweisitzer. Oben der Fiat Balilla, unten rechts der Jaguar E und unten links die Giulietta. Es ist ein ungemein beruhigendes Gefühl. Vor allem dann, wenn man die Autos betrachtet, die gerade neu auf den Markt gekommen sind. Welches von diesen man sammeln soll, wurde ich kürzlich wieder gefragt. Welches von den neuen?

Mein lieber Freund, da kann ich nur die Arme spreizen, die Schultern anheben und den Kopf einziehen und in dieser Stellung minutenlang verharren. Kein Name will mir dabei über die Lippen. Es gibt ja nicht einmal mehr so etwas wie einen MGA. Sammeln Sie im Zweifelsfall lieber Strapse, an denen irgendein persönliches Erlebnis hängt.

MODELL-CHRONIK: ALFA ROMEO GIULIETTA SPIDER

Die Geschichte der offenen Autos bei Alfa Romeo reicht zurück bis zu den Anfängen der Mailänder Automobilfabrik.

Als 1910 die Produktion aufgenommen wurde, fertigte das kleine Werk ausschließlich fahrfertige Chassis, für deren Umkleidung dann das italienische Karosseriegewerbe sorgte. Die Aufbauten waren, wie damals üblich, fast ausnahmslos offen. Offene Zweisitzer, sogenannte Spider, trugen auch weiterhin sehr wesentlich zur Prägung des Markenimages bei. Ganz besonders tat dies jener klassische Alfa der

frühen dreißiger Jahre, der Spider 6 C 1750 Gran Sport, der zwischen 1929 und 1933 gebaut wurde.

Der Giulietta Spider ist somit eine eher späte Episode in der Werksgeschichte, denn er kam erst 45 Jahre nach der Firmengründung, 1955, zur Welt. Das geschah offenbar unter sehr günstigen Vorzeichen, denn der Giulietta Spider wurde zum bis dahin erfolgreichsten Zweisitzer von Alfa Romeo. 17.207 Exemplare wurden verkauft. Man kann diesen Käufern einen guten Geschmack attestieren. Denn der Spider war mit seiner von Pininfarina entworfenen Karosserie eine automobile Schönheit, die er bis heute geblieben ist.

Darüber hinaus aber hatte er, wie die gesamte Giulietta-Baureihe, auch technische Reife zu bieten. Ganz besondere Faszination verbreitete hier der wassergekühlte Vierzylinder-Reihenmotor mit zwei obenliegenden Nockenwellen, dessen Gehäuse aus Aluminium gegossen ist.

1955 wurde der Spider zunächst mit einer relativ sanften Ausführung dieses Triebwerks gebaut. Die mit einem Registervergaser ausgestattete Maschine leistete 80 PS (59 kW) bei 6300/min.

Die Verdichtung betrug hier 8,5:1.

1956 kam der Giulietta Spider Veloce auf den Markt. Dessen Motor war mit zwei Weber-Doppelvergasern ausgestattet. Er hatte eine auf 9,1:1 heraufgesetzte Verdichtung und schärfere Nockenwellen. Die Leistung stieg dadurch auf 90 PS (66 kW).

Dieser Veloce-Motor galt als ein etwas heikles Triebwerk, und die Spider-Kunden verhielten sich darum auch ziemlich zurückhaltend. Nur 2907 erwarben das schärfere Gerät, das immerhin eine Höchstgeschwindigkeit von 180 km/h erreichte. Zu den Besonderheiten des Spiders gehörten übrigens auch ein mit 2250 mm extrem kurzer Radstand sowie ein mit 865 kg ausnehmend geringes Gewicht. Das Coupe Sprint und auch der Viersitzer Berlina hatten einen um 130 mm größeren Abstand zwischen den Achsen und waren mit Gewichten von 895 beziehungsweise 915 kg deutlich schwerer.

Trotz seiner leichteren Wesensart kam der Spider nicht zu jenen sportlichen·Ehren, welche die beiden anderen Modelle damals reichlich erwerben konnten. 1962 legte der Alfa Spider seinen Mädchennamen Giulietta ab und wurde nun zur reiferen Giulia. Die zusätzliche Bezeichnung 1600 ließ erkennen, dass nunmehr ein Motor mit 1570 ccm unter der Haube die Antriebsarbeit verrichtete.

Die größere Maschine brachte es schon in der Basisversion mit einem Registervergaser und einer Verdichtung von 9:1 auf 92 PS (68 kW). Auch dieses Aggregat

A84656-MI

wurde neuerlich der Veloce-Kur nach Art des Hauses unterzogen. Zwei Doppelvergaser, zwei schärfere Nockenwellen und eine auf 9,7:1 angehobene Verdichtung brachten die Leistungsausbeute auf 112 PS (82 kW).

Bevor es zu dieser Kräftigung kam, hatte allerdings die Bremsanlage eine wesentliche Änderung erfahren. Während die ersten 5600 Giulia Spider vorn noch mit Leichtmetall-Trommelbremsen mit jeweils drei Bremsbacken ausgerüstet waren, erhielten die letzten 1300 Scheibenbremsen vorn.

Im Grunde genommen aber war der schon mit einem Fünfganggetriebe ausgerüstete Spider 1600 eigentlich mehr ein Übergangsmodell. Seine Produktion wurde nach reichlich zwei Jahren 1964 eingestellt. Als offene Alternative folgte 1965 das glücklose Modell Giulia GTC – eine Cabrio-Variante des Sprint-Coupes.

1966 kam dann wieder ein echter Alfa Spider auf den Markt, der seiner Form wegen »osso di sepia« (Tintenfischknochen) genannt wurde. Der internationalen Verständlichkeit wegen ersannen die Alfa-Leute kurz vor der Präsentation noch den Namen »Duetto«, der allerdings recht bald der klassischen Bezeichnung »Spider« wich. Der Neue übertraf seinen Vorgänger. Er wird heute noch, 13 Jahre nach seiner Vorstellung, gebaut.

KAPITEL 14

VICTORIA SPATZ

SPASS MIT SPATZ: VICTORIA SPATZ

Die Spatzen sind fast ausgestorben. Man kann die Angebote an Veteranen in den verschiedensten Zeitungen monatelang verfolgen, ohne jemals auf einen Spatz zu stoßen. Böse Zungen behaupten, sie seien eben alle verbrannt. Nein, verrostet sind sie nicht. Das blieb der Spatz-Karosserie erspart, denn sie war aus Kunststoff und gut gemeint. Sie sollte hübsch sein ohne Presswerkzeuge und langlebig durch die Verwendung von verrottungsfreiem Material – GFK, glasfaserverstärktem Polyester.

Schön war sie wirklich, damals besonders. Ein Spatz im Schaufenster, das war eine Hingucke damals, um die Mitte der 50er Jahre. Junge Leute bis hin zu jungen Ehepaaren mit einem Kind himmelten den Kleinen an. Letztere auch deshalb, weil er ein Dreisitzer war.

»ER WAR ZU UNRECHT EIN MISSERFOLG. DENN ER WAR VIEL LUSTIGER ALS DIE BMW ISETTA UND DAS GOGGOMOBIL. AUCH HÜBSCHER ALS DIESE.«

Dass wir uns damals um einzylindrige Kleinstwagen scharten, war kein Wunder. Wir hatten kaum das Geld für ein Motorrad. Ein Kleiner wie der Spatz war so etwas wie ein Traumwagen. Und Eingeweihte wussten, dass kein Geringerer als der Professor Ledwinka, den Fachleute in einem Atemzug mit Porsche nennen, den Wagen konstruiert hatte. »Verbrochen« hatte ihn aber ein ganz anderer, nämlich der Rennfahrer Egon Brütsch. Der legte damals seine Kunststoff-Eier mit Rädern dran wie ein gedoptes Huhn. Er verstand es, formschöne Polyester- Karosserien zu machen.

Auf den Rädern, die er unmittelbar an die Kunststoffschale hängte, liefen die Dinger auch, aber meist nicht viel weiter als vor den Augen der Presse hin und her. Im Alltagsbetrieb rissen die Verankerungen aus der »selbsttragenden« Schale. Deshalb zog Harald Friedrich von Traunreut, Egon Brütschs erster Lizenznehmer, den Professor Ledwinka zu Rate, und der machte aus dem Ei ein Auto.

Typisch für Ledwinka sind der Zentralrohrrahmen, den auch alle seine

Platz für drei: Spatz-Cockpit

Einfach: Zentralrohr-Chassis des Spatz

Tatra-Konstruktionen hatten, und die vorderen Kurbellenker im VW-Stil. Das Spatz-Fahrgestell geriet so fachmännisch, dass man es heute noch ernst nehmen muss. Am Ende des zentralen Rohres saß der luftgekühlte Einzylindermotor von Fichtel & Sachs, 200 ccm groß und 10 PS (7,4 kW) stark.

Weil das Wägelchen 290 Kilogramm leicht war, bewegte es sich damit recht munter. Und 75 km/h waren an Spitze drin. Das genügte uns damals vollkommen. Der Verbrauch von vier bis fünf Liter auf 100 km sagte uns ebenfalls zu, nur der Preis stieß auf Kritik. Die knapp dreitausend Mark, die wir für den Spatz hinblättern sollten, hatten wir nicht.

So geriet dieser Westentaschen-Porsche zum Traumwagen. Und als dem Harald Friedrich die Luft ausging, wie fast allen, die sich damals aus heiterem Himmel dazu verstiegen, Automobile zu bauen, griffen die Victoria-Werke in Nürnberg zu und legten den Kleinen als Victoria 250 aufs Bändchen.

Nun war er 14 PS (10,3 kW) stark und laut Prospekt 97 km/h schnell: An eine Preissenkung war aber nicht zu denken, und deshalb blieben die Absatz-Chancen gering. Das mag aber auch daran gelegen haben, dass diesem und jenem stolzen Besitzer sein Spatz unterm Hintern wegbrannte. Die auf der Innenseite grobfaserige Kunststoffwanne saugte sich im Motorbereich nach und nach voll Tropfbenzin und Ölgemisch, und der heiße Auspuff ließ das Ganze dann eines

Tages hochgehen. Solch ein heißer Ofen war das. Aber bitte, deshalb sollten wir ihn nicht belächeln. Er war doch, zumal unter Victorias Fittichen, ein ganz feines Auto und hatte sogar ein »elektromagnetisches Fünfgang-Vorwahlgetriebe«, das per Drucktasten und Vorwahlhebel am Armaturenbrett geschaltet wurde. Vorher, als er sich noch mit einem manuell zu bedienenden Vierganggetriebe begnügte, bestand die Besonderheit darin, dass er über vier Rückwärtsgänge verfügte. Um rückwärts fahren zu können, änderte man durch eine Zündschlüsseldrehung nach links den Drehsinn des Zweitaktmotors und konnte nun im vierten Gang mit 75 Sachen rückwärts durch die Gegend brausen. Manche probierten das auch, und es haben diverse Privatrennen stattgefunden.

Er war ein dreisitziger Roadster. Auf der durchgehenden, 1,45 Meter breiten Sitzbank durften drei Personen Platz nehmen – vorausgesetzt, dass sie das Zuladegewicht von 265 Kilogramm nicht übertrafen. Aber diese Gefahr bestand damals kaum. Wir waren schlanker als heute. Das junge Ehepaar mit dem einen Kind war mit dem Spatz jedenfalls bestens bedient.

Er war zu Unrecht ein Misserfolg. Denn er war viel lustiger als die BMW Isetta und das Goggomobil. Auch hübscher als diese. Alles in allem sind rund 1500 Exemplare gebaut worden. Das letzte 1958.

Ich bin froh, dass ich einen Spatz besitze. Er ist mir von allen Kleinstwagen, die damals mit bescheidensten Mitteln auf die Räder gestellt wurden, der liebste. Und wenn wir ihn heute mit einem unserer verbrauchsgünstigen Einzylinder-Viertakter im Heck bauen würden, welch fröhlicher Krisenkiller für junge Leute könnte er sein.

KAPITEL 15

PEUGEOT 203

DIE PRINZESSIN: PEUGEOT 203 CABRIOLET

Wer sieht ihr noch an, dass sie in einem finsteren Wald zum Vermodern ausgesetzt worden war, dass sich ein Unhold mit einem groben, schmutzigen Pinsel an ihr vergangen hatte? Welches Schachtel-Cabriolet unserer Tage kann sich mit ihr messen?

Auf einem Parkplatz am Rande der Deutschen Alpenstraße habe ich die Antwort selbst gesehen: Wie Trampeltiere standen einige der ganz neuen um meine Prinzessin herum, vierschrötig, ohne Taille und ohne Popo, mit breitestem Grinsen auf dem querfaltigen Gesicht, ohne auch nur die Andeutung von schmaler Nase und hoher Stirn, sämtlich von gedrungenem Wuchs und kurzbeinig noch dazu. Damals dachte man in Europa noch in Vorkriegsformen. Der 203 bekam eine in den USA abgeguckte, ins französische übersetzte Linie, die es drüben um 1940 gegeben hatte. Also kurz bevor die vielgestaltigen und hübschen Autos vorüberfuhren. Ein Glück, die hübschen Mädchen sind geblieben. Aber, was da so uniformiert vorüberfährt, wie ein Aufmarsch Gleichgestalteter, das geht mir nicht unters Blech. Das ähnelt eher einer freudlosen Kolonne, die – links, zwoo, drei, vier – das Lied vom Windkanal pfeift. Einen Rucksack als Heck, dem cw-Wert zuliebe. Das geflügelte Wort der Umstehenden, das mir tagtäglich entgegenschlägt, wenn ich die Prinzessin an den Bordstein stelle, lautet: »Warum, um alles in der Welt baut man so etwas nicht mehr?« Und: »So einen würde ich mir sofort kaufen!«

> »RADSTAND UND SPUR WEISEN DEN 203 ALS GROSSES AUTO AUS. IN DER DAMALIGEN VERKEHRSLANDSCHAFT KAM ER UNS AUCH SO VOR.«

Möglich, dass da drüben in dem Hochhaus an der Ecke ein Marktforscher brütet, im 23. Stockwerk, hinter geschlossenen Jalousien und natürlich mit Scheuklappen an den Brillengläsern – wir wollen ihn nicht stören.

Radstand und Spur weisen den 203 als großes Auto aus. In der damaligen Verkehrslandschaft kam er uns auch so vor. Sein Radstand war um 100 mm länger als der des Opel Rekord, und seine Spurweite übertraf die des Opel gar um 120 mm. Dazu kam die schraubengefederte, mit einem Panhardstab versehene Hinterstrebe, als vergleichbare Autos noch nicht über die Kutschwagenfederung

hinausgekommen waren. So ergab sich eine Straßenlage, die von den Testern als »weit über dem Durchschnitt« gerühmt wurde. Die 45 PS seines 1,3 Liter-Motors entsprachen exakt der Leistung des 1,3 Liter Porsche 356, waren also für damalige Begriffe salonfähig, und es sind noch heute überzeugende Pferde, was ihre Elastizität und Durchzugskraft und ihre außerordentliche Bergfreude betrifft.

Das 203 Cabriolet war in Deutschland eine Rarität. Fürs gleiche Geld, nämlich gut 10 000 Mark, bekam man den Opel Kapitän, den Mercedes 170 S und für wenige Hunderter mehr eben auch den Porsche. Und es erforderte in jenen Tagen eine ans Übermenschliche grenzende Selbstüberwindung, sich für die 10 000 Mark, die man etwa im Vergleich zu den Mitmenschen schon zur Verfügung hatte, einen französischen Peugeot zu kaufen anstelle eines Mercedes oder Porsche. Für seine guten Freunde wäre man dann schon ein Fall für den Psychiater gewesen.

So kam es, dass das 203 Cabriolet auf unseren Straßen seltener zu sehen war als ein US-Straßenkreuzer. So kommt es, dass das 203 Cabriolet auch heute diesseits des Rheins ein seltener Anblick ist. Wir waren damals, vor 30 Jahren, nicht minder verbrauchsbewusst als heute. Nicht deshalb, weil der Sprit, sondern weil das Geld knapp war. Das galt für alle Europäer. Der Peugeot 203 war da seiner Zeit voraus, so weit, dass es manchen Herren in unseren Konstruktionsbüros peinlich sein könnte, hier davon zu lesen: Der dritte Gang seines Vierganggetriebes war der direkte Gang, und der vierte war, wie heute beim vielgerühmten 3 plus E-Getriebe, lang untersetzt, nämlich 0,76 statt 1. Da gab es also damals schon den Spargang im Vierganggetriebe, nur verschweigt man

es uns, wenn man gerade mal ein ganz frisches Ei gelegt hat, über das es sich so schön laut gackern lässt.
Und trotz voll versenktem Verdeck, das sich mühelos bedienen lässt, ist der Stauraum eher üppig als cabriomäßig knapp; zum einen im Kofferraum selbst, und dann noch hinter den Sitzen, wo man heute gern ein Bänkchen für beinamputierte Zwerge anbringt, während man damals einen ehrlichen und nützlichen Stauraum daraus machte. So genießen wir ihn auch, zumal er sich gar nicht altmodisch fährt und handhabt. Er zieht, bremst und liegt gut, und seine leichtgängige Lenkung ist zielsicher und nicht ein bisschen nervös. Die mögliche Höchstgeschwindigkeit von knapp 120 km/h reicht einem wahrhaftigen Offenfahrer allemal.

»ICH HABE ES NOCH KEINEN TAG UND KEINEN KILOMETER BEREUT DORNRÖSCHEN WACHGEKÜSST ZU HABEN.«

Was der sprichwörtliche Benzingeiz der Franzosen damals schon zuwege brachte, das kann sich auch im Umfeld der modernen Sparmotoren sehen lassen. Es sind nur 7,5 bis neun Liter Normalbenzin, die man für 100 Kilometer spendieren muss. So stand es auch damals schon im Test. Die Kraftstoffanzeige arbeitet nicht mit imaginären Strichen, sondern exakt und somit zuverlässig mit Liter- Angaben. Bisher habe ich irgendwelche Elektronik oder Digitalanzeigen nicht vermisst. Die Verwindungssteife der selbsttragenden, offenen Karosserie ist klapperfrei vorbildlich, obwohl der 4,35 m lange Wagen nur 940 Kilogramm wiegt. Ich habe es noch keinen Tag und keinen Kilometer bereut, Dornröschen wachgeküsst zu haben. Dornröschen ist überaus dankbar, und Dornröschen erregt als Prinzessin überall Aufsehen.

Es tritt ein Leuchten in die Augen derer, die Dornröschen erblicken. Und ihre Lippen scheinen zu murmeln: Es war einmal... Ja, es war einmal eine Zeit ...

KAPITEL 16

UNTERWEGS WIE VORGESTERN

cigan
EVINRUDE 4
METZELER
juca

OPEL
EUROPA TOURING

S-AN 5523

URLAUBSREISEN MIT ALTEN AUTOS: UNTERWEGS WIE VORGESTERN

Früher reiste man ganz anders. Ich beneide die Menschen darum, wie sie früher reisten, sie wanderten mit ihrem Automobil. Und sie waren noch neugierig auf das, was hinter der nächsten Kurve lag. Die Welt war noch nicht so klein wie heute, sie war noch voller Wunder. Und sie begann gleich vor der Haustür und nicht erst am Ende der Landepiste in Nairobi.

So viele, die heute nach Ceylon fliegen, auf die Bahamas und nach Bangkok, haben noch nie auf der Wiese am Mühlweiher von Unterreute gesessen. Und so viele, die heute von Hamburg nach Benidorm fahren, wissen nicht, was rechts und links am Wege liegt, weil sie nur eines im Sinn haben: ankommen! Dabei ist es so schön, unterwegs zu sein. Im eigenen Wagen. Neugierig zu sein auf die nächsten Kilometer. Entdecken zu können.

Die Vorfreude verursachte den Autowanderern damals Herzklopfen beim Start. Ein Gasthof in den Bergen, mit Blick ins Tal, war für sie früher keine mindere Attraktion als heute eine Safari-Lodge in Kenia. Und sie waren da selbst hingefahren, hatten den Berg selbst erklommen, waren stolz auf ihren Wagen, der nur im letzten Viertel der Bergstrecke leicht gekocht hatte. Die Erfolgserlebnisse waren viel dichter gesät. Die hatten damals noch die kleinen Freuden im Griff. Und darauf kommt es an im Leben, denn die kleinen Freuden sind die größten.

Herzklopfen beim Start. Das passiert mir jedes Mal, wenn ich mit einem Oldtimer auf Reisen gehe. Da beginnt das Abenteuer vor der Haustür. Drei meiner bevorzugten Reisewagen sind ein halbes Jahrhundert alt: der Ford, Modell A von 1930, die graue Limousine; der Opel, Typ 4/20 von 1929, der rote Tourenwagen; der Mercedes Stuttgart 260 von 1929, der weiße Tourenwagen. Und der vierte ist 30 Jahre alt, der offene Mercedes Diesel von 1951, Typ OTP (offener Tourenwagen Polizei). Der zieht auch einen Wohnwagen.

Wie kann man mit einem 50 Jahre alten Auto guten Gewissens auf die Reise gehen? Ganz einfach, man muss es nur kennen. Daraus resultiert die richtige

»HERZKLOPFEN BEIM START. DAS PASSIERT MIR JEDES MAL, WENN ICH MIT EINEM OLDTIMER AUF REISEN GEHE. DA BEGINNT DAS ABENTEUER VOR DER HAUSTÜR.«

Behandlung. Mein Mercedes Stuttgart 260 hat sogar noch Holzspeichenräder, sie knarren nicht und haben keinerlei Unwucht. Mit ihm bin ich nach Spanien gefahren, hin und zurück, ohne die geringste Panne. Er trug mich auch nach Monte Carlo. In die Camargue. An die Riviera. Ich habe nicht mal einen Schraubenschlüssel ansetzen müssen. Nur in den französischen Seealpen in gnadenloser Sommerhitze musste ich auf die Suche nach Kühlwasser gehen. Nicht, weil der Motor wegen Überanstrengung überhitzte, sondern weil die Wasserpumpe tropfte. Natürlich habe ich immer so viel Werkzeug dabei, dass ich mir im Ernstfall helfen kann. Wichtiger aber ist das »gewusst wo?«.

Als wir, meine Frau und ich, mit dem Ford Modell A hinunter nach Neapel fuhren, bis zum Golf von Sorrent, kurvten wir, die Autostrada meidend, des Nachts bei Orvieto durch die Berge. Es war stockfinster, und immer, wenn ich, eine Bergabkurve anfahrend, auf die Bremse trat, standen wir im Dunkeln. Kein einziges Licht leuchtete mehr. Nahm ich den Fuß von der Bremse, war alles wieder in Ordnung. Am nächsten Morgen bei Tageslicht behob ich den Fehler mit einer Rolle Isolierband: Das Bremspedal streifte beim Durchtreten immer ein wundgescheuertes Kabel und löste so einen Kurzschluss aus.

Auch für diese Panne traf das Auto keine Schuld, sondern – mich, der ich es nicht

RV-RY 59

WILLKOMMEN
IN
OBERJOCH
1200 m
HÖHENLUFTKURORT · SKIPARADIES
ALPENGASTHOF
LÖWEN
Cafe
RESTAURANT

gründlich genug gewartet hatte. Es steht also fest, dass man mit einem Auto, das ein halbes Jahrhundert auf dem Buckel hat, durch die Welt fahren kann, so weit und so lange man will. Man kann es sogar besser als damals, denn man rollt heute auf Straßen, von denen die damals nur träumen konnten. Und deshalb stört einen die primitive Blattfederung kaum.
Es gibt nur einen wunden Punkt: Man bewegt sich inmitten optimal bremsender Fahrzeuge mit einem eigenen Bremssystem, das schon damals keiner kritischen Beurteilung standhielt.

Mein Mercedes von 1929 marschiert immerhin mit 90 km/h. Und genauso flott marschiert der Ford. Wenn nun aber vor mir einer sein hydraulisches Bremssystem betätigt, muss ich mit allen Vieren reagieren. Ich bremse, kupple, schalte zurück und habe auch noch die Handbremse zu fassen.

Einziges Verhütungsmittel: Man fährt nicht so schnell, wenn man von anderen umzingelt ist. Damals begnügte man sich mit einem Marschtempo von 60 bis 65 km/h. Mit diesem Tempo reist man, zumal im offenen Wagen, wie Gott in Frankreich. Man sitzt im Ledersessel, hat einen Arm auf der Bordkante liegen, lässt sich die Luft um die Nase wehen und genießt die Aussicht.

Im Jahre 1929 schrieben mir meine Eltern eine Ansichtskarte aus der Schweiz. Sie waren mit unserem offenen 4/20er Opel dorthin gefahren. Von Thüringen in die Schweiz, das war so viel wie heute von Frankfurt auf die Seychellen. Auf der Ansichtskarte war das Gasthaus zum

»ES STEHT ALSO FEST, DASS MAN MIT EINEM AUTO, DAS EIN HALBES JAHRHUNDERT AUF DEM BUCKEL HAT, DURCH DIE WELT FAHREN KANN, SO WEIT UND SO LANGE MAN WILL.«

Rössli in St. Peterzell abgebildet. Ich war damals sieben Jahre alt, und der Anblick dieses ausladenden und doch romantischen, auf jeden Fall aber fremdländischen Gebäudes faszinierte mich.

Ob ich je in meinem Leben auch so eine Reise machen würde? 40 Jahre später hatte ich mir das Auto meiner Kindheit gekauft, unseren unvergessenen 4/20er Opel, den offenen Viersitzer mit dem Allwetterverdeck. Ich suchte die alte Ansichtskarte vom Rössli in St. Peterzell heraus, legte Lederhaube und Brille und den alten Hallwag-Straßenatlas von 1929, den ich immer gern auf meinen Touren mit dem Oldtimer mitnehme, bereit und fuhr los.

Wir fuhren auf denselben alten, kleinen, gewundenen Straßen. Wir erreichten mühelos St. Peterzell – und wir standen

schließlich mit offenen Mündern vor dem Gasthaus zum Rössli. Es hatte sich in den 40 Jahren kaum verändert. Die Zeit schien stehengeblieben zu sein.
Ich fotografierte den Opel vor dem Gasthof. Hätte mein Vater damals auch ein solches Foto gemacht, es würde sich von dem meinen fast nicht unterscheiden. Das gleiche Auto, derselbe Gasthof, mit nur geringfügigen Retuschen an seiner Fassade.

Auf den alten Straßen, die es zum Teil noch unverändert gibt, mit jeder einzelnen Kurve, die sich zwischen Weidezäunen hindurchschlängelt oder die um den Fels in der Schlucht führt oder über den Berg, durch den sie jetzt alle im Tunnel hindurchrasen, auf diesen Straßen lässt sich's reisen, dass einem das Herz lacht. Auch der alte Gasthof steht da noch, nur kostet das »Fremdenbett mit Frühstück« nicht 2,50 Mark wie vor 50 Jahren,

»IM JAHRE 1929 SCHRIEBEN MIR MEINE ELTERN EINE ANSICHTSKARTE AUS DER SCHWEIZ. [...] OB ICH JE IN MEINEM LEBEN AUCH SO EINE REISE MACHEN WÜRDE?«

sondern 25 Mark, und das ist – im Verhältnis – auch nicht mehr als damals. Übrigens, neulich habe ich etwas gemacht, das können Sie auch, ohne auf die Suche nach einem Oldtimer gehen zu müssen. Ich bin mit meinem 2CV nach Elba gefahren, mitten durch die Toskana, wo sie am schönsten ist. Mit offenem Verdeck. Und auf der ganzen Fahrt habe ich immer nur den rechten Fuß zum Bremsen gebraucht, nicht alle Viere. Das ist ein Oldtimer. An jeder Ecke kann man ihn kaufen ...

KAPITEL 17

ZUBEHÖR VON GESTERN

OLDIE-EXTRAS: ZUBEHÖR VON GESTERN

»Sie leben also auch schon vom Automobil«, sagte vor 50 Jahren ein Kurgast zum Mechaniker auf dem Lande. »Nein, nein«, antwortete der, »noch vom Pferd. Ich flicke hauptsächlich Reifen.«

Rund um die Reifenpanne, der damaligen Geißel des Automobilismus, gab es viel Zubehör. »Rimplex-Ballon-Reifenhalter hält den sechsten Reifen sicher und in gleicher Höhe mit dem fünften!« Mit dieser Werbe-Aussage könnten wir heute kaum etwas anfangen, damals bekam der Autofahrer glänzende Augen, wenn

er den »sechsten Reifenhalter, gegen Diebstahl durch ein Yale-Schloss gesichert«, erblickte.
Der fünfte Reifen nämlich, das normale Reserverad, kam immer schon bald dran, wenn man ein Stückchen rausfuhr. Er musste bei der ersten Reifenpanne einspringen, und der zweiten war man dann hilflos ausgeliefert. Das war um 1928/1930, Sie wissen schon, als die vielen Pferde noch rumliefen, auch in den Städten.
Nie erfand jemand den unverlierbaren Hufnagel. Aber an den Nagel-Magneten an der vorderen Stoßstange wagte man sich doch tatsächlich heran. Und bei Schrittgeschwindigkeit mag er sogar funktioniert haben.
Aber von der Panzerweste für den Schlauch, der PANNTO-Reifeneinlage, die den eindringenden Nagel abweisen sollte, versprach man sich einiges mehr. Es musste aber dennoch fleißig geflickt werden. Aus Amerika kam deshalb der »Five Minute Vulcanizer« der hierzulande natürlich ein Vulcanizzer war. »In fünf Minuten«, so log die Werbung, »sind Sie wieder startbereit!«
Na, nun fummeln Sie aber erstmal den Schlauch wieder rein, ziehen die Decke auf, pumpen, was das Zeug hält, und montieren das Rad. Von wegen fünf Minuten! Natürlich gab es für die schmutzig gewordenen Hände schon Handwaschpasten aller Art und auch ein Reise-Waschbecken, dessen doppelte Wandung den Wasser-Vorrat beherbergte. Das war, als die Hanomag-Werke in Hannover-Linden noch so naiv für ihr einzylindriges Kommissbrot warben: »In Wintersgraus und Sommersglut verliert er niemals seinen Mut.«
Damals fand man, ohne arg, solche Sprüche schön. Wären die Werber und die Käufer so unschuldig geblieben, würden wir heute lesen können: »Männer in den besten Jahren sollten nur Mercedes fahren.« Oder »In Deinem neuen BMW bist Du der König der Chaussee!« Vielleicht auch: »Drum fährt der Sportliche, der Forsche, gar viel beneidet einen Porsche.«
Damals hieß es auch: »Denk an Deines Autos Wohl – schmiere nur mit Veloxol!« Vor 50 Jahren war man eben noch nicht so ausgekocht wie heute. Es gab noch »Professor Wirths Motoren-Oel« und

»SIE LEBEN ALSO AUCH SCHON VOM AUTOMOBIL«, SAGTE VOR 50 JAHREN EIN KURGAST ZUM MECHANIKER AUF DEM LANDE. »NEIN, NEIN«, ANTWORTETE DER, »NOCH VOM PFERD. ICH FLICKE HAUPTSÄCHLICH REIFEN.«

»Doktor Ebels Auto-Politur«. Die Poliermittel wurden damals fast ausnahmslos mit der Zerstäuber-Spritze, mit Handpumpe, aufgetragen. Als feiner Nebel senkte sich das Wundermittel (eines hieß tatsächlich Wondermist) auf den Lack. Bei ungünstigem Wind glänzte des Autlers Anzug aber auch. Eine Zerstäuber-Spritze besaßen sie alle, viele füllten sie mit Petroleum und sprühten damit das Fahrgestell ein. Damals nannte sich der Werbeleiter noch Reklame-Chef, wie beim Zirkus. Er befahl: »Obenschmierung nur durch ARCOL!« oder »NSU – greif zu« und »Kein Wagen ohne Helios Wonderlamp!« »Gummipflege tut not!« Solche Sprüche ließen darauf schließen, dass der Mann gedienter Offizier war. Man bevorzugte in dieser Position ausrangierte Soldaten höherer Dienstgrade,

die auf ihrer Geschäftskarte als Hauptmann der Reserve ausgewiesen werden konnten. Denn nicht nur Gummipfl ege tat not, auch Seefahrt tat not, Luftfahrt tat not, und »Deutsche, kauft deutsche Autos!« tat not.

Einer von den Schneidigen vermochte offenbar kaum zu begreifen, dass nicht jedermann unaufgefordert zu seinem Produkt griff. Deshalb gebar er die vorwurfsvolle Zeile: »Sie laufen doch auch nicht nackt durch Wind und Wetter. Die ungeschützte Blattfeder Ihres Autos schreit nach einer zweckmäßigen Bekleidung.«

Und dann, kaum, dass man verschreckt stramme Haltung angenommen hatte, kam der Befehl: »Darum: wählen Sie nur die TRIAS-Federhaut!« Jawoll. Dabei ist es doch ein Unterschied, meine ich,

»SEI'S AUTO, MOTORRAD, FAHRRAD AUCH – INVULNER GEHÖRT IN JEDEN SCHLAUCH!«

ob einem Fräulein Müller aus dem dritten Stock oder die rostige Blattfeder von Meiers Opel aus dem Parterre nackt entgegenkommt.

Die Federschutzgamasche war ein beliebtes Zubehör, denn der gemeine Federbruch trübte so manche Fahrt über die katastrophal schlechten Straßen. In der Schutzgamasche sollte die Feder staubfrei, rostgeschützt und allzeit gut geschmiert strapazierfähig bleiben. Es gab dann aber auch die Dichter unter den Reklame-Chefs. Sie schufen so unsterbliche Verse wie diesen: »Sei's Auto, Motorrad, Fahrrad auch - INVULNER gehört in jeden Schlauch!«

Und dann gab es massenhaft lebensrettendes Zubehör. Für wenig Geld konnte man hinter dem Lenkrad steinalt werden: »Ihr Leben ist gesichert, wenn Sie den AVOG Elektro-Scheibenwischer an Ihrem Wagen haben«. Und: »Geschützt wird Menschenleben durch den Phylax Einbau-Feuerlöscher.« Oder: »Sichern Sie Ihr Leben durch den Einbau der Tiger-Federgabel!« Für den Autofahrer aber gab es das Nonplusultra der Lebensrettung, den »Casco-Puffer«. Ein Herr Schleiß hatte ihn erfunden. Er konstruierte eine zentnerschwere vordere Stoßstange ganz aus Vollgummi. Die armdicke Vollgummi-Wurst war an schwenkbaren Armen befestigt. Der Casco-Puffer verwirrte die Menschheit derart heftig, dass sogar die Auto-Versicherer zu 25-prozentigen Prämiensenkungen bereit waren, wenn man sich Schleißens Gummiwurst vor den Kühler hängte.

Wir wissen heute im Zeitalter der Crash-Tests, dass dieses alles nicht stimmen konnte: »... habe ich an meinem schweren Cadillac-Wagen Ihren Casco-Puffer angebracht. Mein Sohn ist damit bei einer Geschwindigkeit von 40 bis 50 km/h gegen einen Baum gefahren, und es ist nicht das Geringste passiert«.

Da rief die Gummipuffer-AG aus: »Lesen Sie diese Schreiben von Geretteten! Casco-Puffer bedeutet Lebensschutz!« Der Leser möge nicht unbedacht lassen, dass diese Geretteten noch nicht einmal angeschnallt waren. In den Anzeigen der Bremsbelag-Firmen sah man

auch ständig beinahe überfahrene Kinder unter den Autos liegen, die wahrscheinlich heute noch leben, weil der Fahrer rechtzeitig auf MONOPOL umgerüstet hatte.

»Keine Angst!«, rief der Teddybär per Sprechblase, der mit dem kleinen Mädchen knapp vor den Vorderrädern auf der Straße lag, »der hat ja MONOPOL!« Der Deutsche, ob dick oder dünn, falls er so arriviert war, eine Limousine sein eigen zu nennen, legte Wert auf den Huthalter. Ihn gab es in vollendet ausgereifter Ausführung noch 1938, als es schon den Adler-Autobahnwagen gab.

Übrigens wussten die vor 50 Jahren schon genau, wie man eine Menge Benzin sparen konnte: »20 bis 30 Prozent Betriebsstoff-Ersparnis bei gleicher oder größerer Leistung des Motors durch WOM-Benzinsparer. Von Firmen und Behörden glänzend begutachtet.«

Man konnte sich allerhand hübsche Sachen kaufen. Zum Beispiel ein Stopp-Licht mit der Aufschrift STOP. Sonst hätte ja keiner gewusst, weshalb es aufleuchtet. Hübsch waren die zahlreichen Kühlerfiguren, die man ab acht Mark kaufen und vorne draufschrauben konnte – vom flötenden Pan bis zum Manneken Pis, von der Bulldogge bis zum Adler mit eingebautem Kühlwasser-Thermometer. Wer die Sache ernst nahm, der studierte die vielfältigen Angebote in

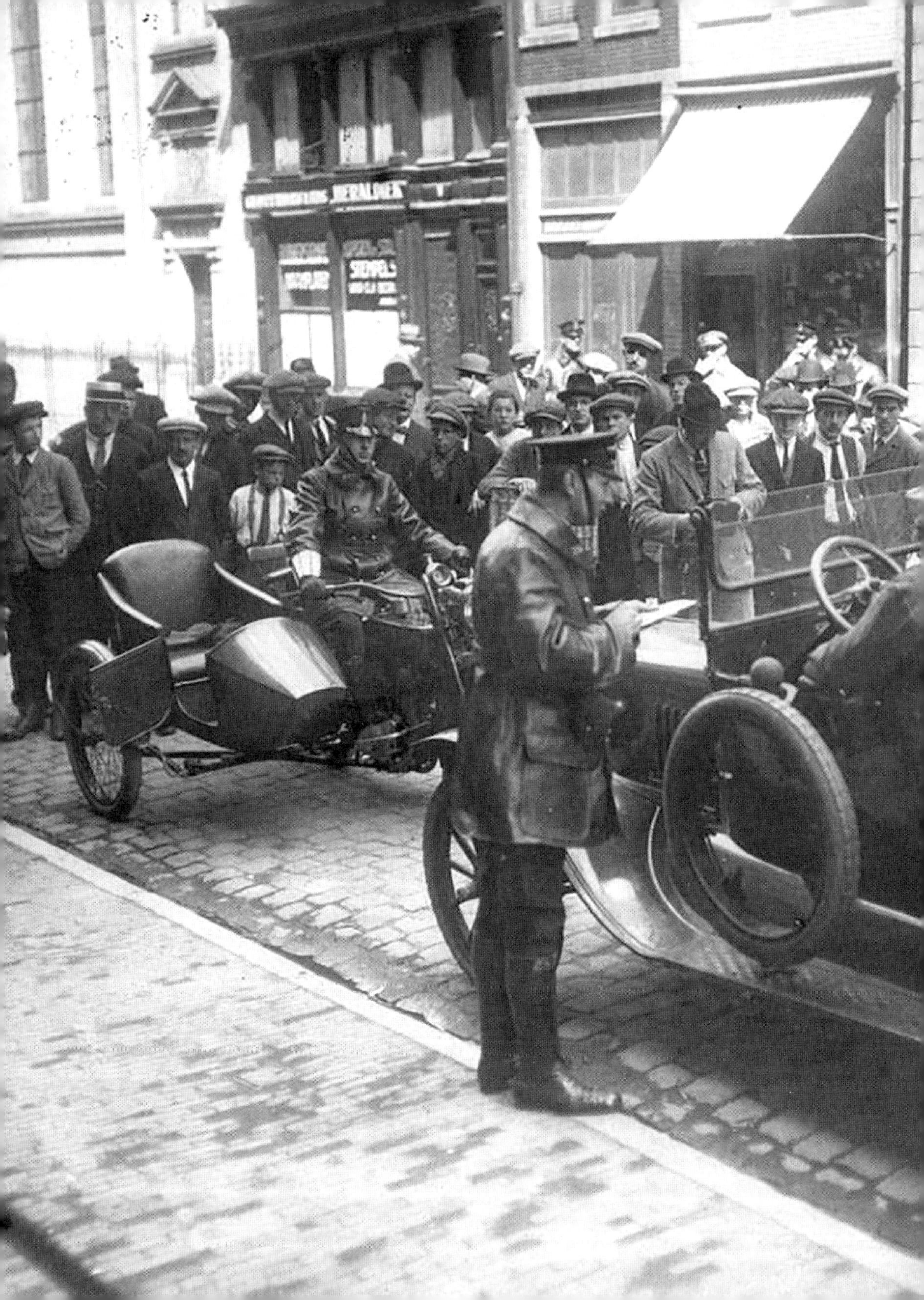

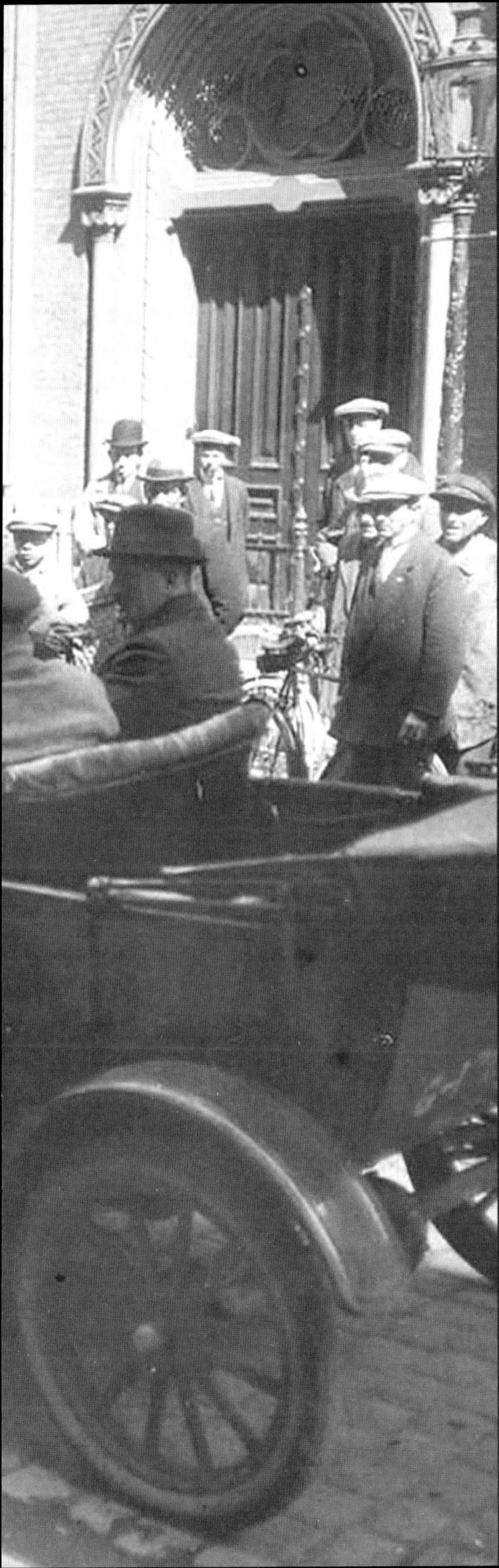

Stoßdämpfern. Die meisten Autos, die vor 50 Jahren so herumfuhren, hatten nämlich noch keine. Und nun gab es viele Arten von Reibungsdämpfern, die erhöhte Fahrsicherheit und ungewohnten Federungskomfort versprachen. Gleichzeitig aber wurden die Straßen besser, was die Stoßdämpferhersteller mit Stirnrunzeln zur Kenntnis nahmen. Sie hatten in jener Periode der hüpfenden Blattfeder vom Schlagloch gelebt.

1930 erschien in der Fachpresse diese Notiz: »Der Kauf von offenen Wagen belebt sich wieder, das liegt an der Zunahme der geteerten Straßen.« Die staubten nämlich nicht mehr. Und die standen auch nicht voller Pfützen, aus denen der Offenfahrer nass- und vollgespritzt wurde. Denn es waren ja Dreckpfützen. Als ideales Bekleidungsstück für widrige Witterung empfahl man schon den Burberry. Und dann kam der legendäre Klepper-Mantel so in Mode, dass man sich kaum ohne einen solchen sehen lassen konnte.

Vieles, was sich der Autofahrer damals wünschte, findet man aber nicht in den alten Inseraten. Mein Vater wünschte sich zum Beispiel 1928 zu seinem offenen Viersitzer eine Thermosflasche, meine Mutter eine kupferne Wärmflasche für den Fußraum, und ein Freund des Hauses schwor auf seine Leibbinde – nicht nur der Zugluft, sondern auch der Erschütterungen wegen. Sie war erheblich billiger als ein Satz Reibungsstoßdämpfer, und darauf kam es damals in erster Linie an.

KAPITEL 18

DAS WAREN NOCH ZEITEN

WANDERER
14
14 WANDERER 14

DAS WAREN NOCH ZEITEN: DIE IAA-NEUHEITEN VON GESTERN

Versunken in die Betrachtung einer Neuerscheinung, ließ ich mir nur ungern von hinten auf die Schulter tippen. Aber es war mein zweites Ich, das sich zu Wort meldete. »Entschuldige bitte«, sagte es, »aber ich möchte gern wissen, wie lange es dauern wird, bis wir darüber lachen werden.« »Über was werden wir lachen?«, fragte ich unwirsch zurück. »Über dieses Auto«, sagte es spitz, »denk doch nur mal zurück. Was haben wir alles bejubelt, wenn IAA war, und wie lächeln wir heute darüber.« Meine Stimmung verdüsterte sich. War ich doch gerade auf der Suche nach dem Fortschritt, gab mir alle Mühe, ihn bei den Neuerscheinungen zu entdecken – und nun das.

Zu allem Überfluss meldete sich nun auch mein drittes Ich zu Wort. »Das sehe ich anders«, sagte es in belehrendem Tonfall, »sag mir lieber, wie lange es dauern wird, bis wir uns nach solchen Autos wie diesem hier zurücksehnen werden.«
Ich vermochte meinem dritten Ich kaum zu folgen. »Zurücksehnen, nach diesem hier?« »Ja«, sagte es, »je mehr Neues kommt, um so heftiger flennen wir doch dem Alten hinterher. Unter dem Motto: Das waren noch Zeiten, und so.«
Na, ich war nun völlig raus. Ich gebe zu, es ist meine Schuld. Wer hält sich schon ein drittes Ich? Ich natürlich.
Drei Autos, na gut, die braucht der Mensch. Aber, zum zweiten Ich noch ein drittes? Das kostet mehr Nerven als eine Nebenfrau. Ich meine natürlich ein Nebenfräulein. Also setzte ich mich erst einmal: Und zwar auf die Stufe des Podestes, auf dem sich die Neuerscheinung drehte, obwohl sie von keiner Seite her irgendwelche Originalität ausstrahlte. Neuerdings muss man immer erst an die Decke gucken, wo die Stand-Schilder hängen, um zu wissen, welche Marke man gerade betrachtet. »Also, bitte der Reihe nach«, sagte ich und übte Geduld. »Also Du meinst, wir werden darüber lachen, und Du behauptest, dass wir ihm nachweinen werden.«
»So ist es«, schnatterten beide, und ihre Stimmen begannen sich zu verwirren, weil ein jedes mich zu überzeugen versuchte. Ich hob abwehrend beide Hände. »Sachte, sachte«, sagte ich. Ein Herr des gehobenen Stand-Personals äugte besorgt zu mir herüber. Ich winkte ihm beschwichtigend zu.
»Ich diskutiere nur ein Weilchen mit meinem zweiten Ich und versuche, auch mein drittes anzuhören. Es wird nicht lange dauern.«
Er bekam Nervenzucken quer übers Gesicht und verschwand in den Raum, in dem die Cognac-Flaschen stehen.
»Also, ich entsinne mich genau«, sagte mein zweites Ich, »dass wir das Goggomobil Coupé bejubelt haben mit seinen

K-AB 399

lächerlichen 14 PS. Und als Daimler-Benz seine Ponton-Limousinen mit Heckflossen versah und mit einem Tacho nach der Art eines Fieberthermometers, hast Du ausgerufen ›endlich‹ oder so.«

Ich zucke unter diesen Vorwürfen zusammen. »Über die Lenkradschaltung und die durchgehende vordere Sitzbank haben wir Loblieder gesungen und uns auf die Amerikaner berufen, als hätten sie das Pulver erfunden«, fuhr mein zweites Ich fort. Nun reichte es mir. »Du verwechselst mich. Offenbar bist Du betrunken. Ich war genau dagegen, lies es doch nach.«

»Papperlapapp«, sagte es, »mag sein, dass ich mich da irre, aber ich sagte ja auch wir, ich meine die Menschheit schlechthin, sofern sie Automobile kauft. Dieselben Menschen lachen heute darüber, oder etwa nicht?«

Da mischte sich mein drittes Ich wieder ein. »Wie gesagt, ich sehe das anders. Nachweinen werden wir den Dingern. Siehst du hier irgendwo einen Fiat 850 Spider stehen, dieses herrliche Spielzeug? Entsinnst Du dich, dass da drüben mal ganz frisch der MGA stand? Und wenn du schon Daimler sagst, wo, um alles in der Welt, steht denn hier so etwas wie der 190 SL?«

Ich hielt den Kopf schräg. Nicht nur, weil ich auf dem einen Ohr schlecht höre, sondern auch, weil ich nachzudenken begann. »Ich kann aber nur darüber lachen«, krähte mein zweites Ich mein drittes an, »dass wir die Fahrleistungen eines Porsche 1600 überwältigend fanden.«

»Und ich weine einem Porsche nach«, schrie mein drittes Ich, »der sich mit 170 km/h zufrieden gibt, dafür aber einen erschwinglichen Preis hat und dabei ein guter, alter, typischer Porsche ist.« Die beiden ereiferten sich mehr und mehr. Mit spottvoller Stimme rief nun mein zweites Ich: »Ich lache mich fast tot, wenn ich daran denke, dass wir den Gelsenkirchener-Barock-Taunus schön fanden. Und dass wir des K 70 wegen fast einen Stern-Marsch nach Wolfsburg angetreten hätten, um sie zu zwingen, dieses Auto zu bauen, das imstande ist, einen Windkanal zum Einstürzen zu bringen, wenn man es anbläst.«

Es kicherte beinahe hysterisch. Aber mein drittes Ich knüppelte mein zweites Ich nieder: »Weinen könnte ich darüber, dass die Autos kein Gesicht mehr haben. Von mir aus ein barockes, aber doch wenigstens ein unverwechselbares Gesicht, in das man sich verlieben kann, ein Gesicht anstelle dieses angeschrägten Brettes, das sie jetzt vorm Kopf tragen, weil sie sich kein Gesicht mehr zeichnen, sondern eines im Windkanal blasen lassen.«

»Na«, rief nun mein zweites Ich triumphierend, »wenn das so ist, wem willst Du denn da nachweinen, wenn die hier alle nur mit angelegten Ohren rumstehen und aussehen wie Piksieben?«

Ein freches Ding, wahrhaftig. Wie gut, dass ich noch das dritte habe, das im Allgemeinen etwas besonnener auftritt. »Warte nur«, rief dieses nun um zwei, drei Dezibel zu laut, »das ist ja erst der Anfang. Jetzt erkennst du ja noch in etwa die Familien-Ähnlichkeit. Aber in zehn Jahren, wenn sie hier rumkullern werden wie die Ostereier oder die Bananen und sich nur noch durch die Bemalung voneinander unterscheiden, dann wirst auch Du flennen: Weißt Du noch, damals? Als man einen BMW noch von einem Opel unterscheiden konnte?«

»In zehn Jahren«, rief nun mein zweites Ich, »werde ich Lachkrämpfe kriegen, wenn ich an die Verbräuche denke, die sie da heute mit goldenen Lettern an die Dinger dranschreiben. In zehn Jahren werden wir sagen, dass das die reinsten Sauf-Orgien waren.« Ich mischte mich nun ein.

»Hört mir mal zu«, sagte ich väterlichweise, »dass Ihr mir da nur nicht schief liegt. Wer weiß, vielleicht lachen wir in zehn Jahren nur über eines, nämlich darüber, dass wir heute glauben, das Öl würde knapp werden. Ich kenne einen,

»ABER IN ZEHN JAHREN [...] DANN WIRST AUCH DU FLENNEN: WEISST DU NOCH, DAMALS? ALS MAN EINEN BMW NOCH VON EINEM OPEL UNTERSCHEIDEN KONNTE?«

der bohrt auf dem Meeresgrund, und der hat mir gesagt, dass da mehr rauszuholen wäre als aus allen Wüsten Arabiens. Wer weiß, vielleicht stehen hier in zehn Jahren wieder großvolumige Achtzylinder.« »Denen weine ich sowieso nach«, quengelte mein drittes Ich. »Da drüben stand die erste Corvette. Und daneben ein Pontiac-Cabriolet. Bei dem hatten sie nach dem Reinfahren vergessen, den Motor abzustellen. Und das haben sie erst am dritten Ausstellungstag gemerkt, als ein Kind, das hinter dem Auspuff gespielt hatte, ohnmächtig wurde. Gehört haben sie es nicht. Kein Mensch hat bemerkt, dass der Achtzylinder-Motor Tag und Nacht lief.« »Das ist eine hübsche Anekdote«, sagte ich beglückt, »man wird sie sich in 100 Jahren erzählen, wenn man durch ein Automuseum schlendert und vor einem großvolumigen Achtzylinder steht. Und dann wird man sie für wahr halten. Die hast Du gut erfunden«, lobte ich mein drittes Ich. Jetzt wurden wir

unterbrochen. Der Herr vom gehobenen Stand-Personal trat vor mich hin, in der einen Hand die Cognac-Flasche, in der anderen ein Glas. »Ist Ihnen nicht gut?«, fragte er mit unsicherer Stimme, die seinem Bemühen entsprach, gerade zu stehen. Ich erhob mich, aber da setzte er sich auch schon. Ich sank wieder hin. Ich trank das Glas leer, das er mir reichte. »Was meinen Sie«, fragte ich ihn dann, indem ich mit irgendeinem Finger auf das neue Modell deutete, »wie lange es dauert, bis wir darüber lachen werden?« »Darüber lachen?« Er heuchelte Verwirrung. »Ja«, sagte ich, »in zehn Jahren vielleicht, oder?«

Er atmete erleichtert auf. »Das interessiert mich kein kW«, sagte er, »ich werde in fünf Jahren pensioniert.« Und dann goss er sich einen ein, einen dreistöckigen Dachgepäckträger. Und den kippte er mit einer derartigen Bleisohle runter, dass bei gleichbleibend 120 km/h wenigstens 19 Liter daraus geworden

»UND DANN GOSS ER SICH EINEN EIN, EINEN DREISTÖCKIGEN DACHGEPÄCKTRÄGER. UND DEN KIPPTE ER MIT EINER DERARTIGEN BLEISOHLE RUNTER, DASS BEI GLEICHBLEIBEND 120 KM/H WENIGSTENS 19 LITER DARAUS GEWORDEN WÄREN.«

wären. »Gestern Nachmittag«, sagte er, »habe ich drei Stunden auf dem Stand der Konkurrenz Dienst gemacht und habe es überhaupt nicht gemerkt. Erst als ich Prospekte verteilte, kam ich dahinter. Die waren grün. Unsere sind blau. Aber sonst.«

Mein zweites Ich bekam einen Lachkrampf. Und mein drittes schluchzte verzweifelt in sich hinein. Ich persönlich beschloss, mich da raus zu halten. Zumal gerade etwas um die Ecke bog, das formal nicht veralten konnte, seit 1000 Jahren nicht und in 1000 Jahren nicht.

»Danach müsst Ihr noch suchen«, sagte ich zu dem Herrn mit der Flasche, »es ist schön und funktionell zugleich, und es kommt nie aus der Mode. Und solange Ihr es nicht gefunden habt, kann man Euch nicht ernst nehmen.« Das war eine gute Idee, meine ich. Ich erhob mich und ging der Sache nach ...

KAPITEL 19

OFFEN FAHREN

OFFENFAHREN: KEIN DACH ÜBERM KOPF

Nach Allem, was ich so höre und wahrnehme, drängt sich mir die Vermutung auf, dass ein großer Teil der autofahrenden Menschheit das Offenfahren verlernt hat. So, wie in Gefangenschaft zur Welt gekommene Raubkatzen nicht mehr jagen können.

Schon in der zweiten und dritten Generation wird Limousine gefahren. Das degeneriert. So kommt es zu Argumenten gegen das Offenfahren, die unsereinen glatt vom Hocker fegen:

»Neulich im Tunnel, Südseite Bernardino, hat es derart nass aus dem Gestein gesabbert, dass es meiner Frau das Kostüm versaut hat.«

»Nee, ich bin kuriert. Steifen Hals, ewig erkältet. Und dauernd den Dreck aus dem Fußraum in den Augen.«

»Das geht doch im Grunde gar nicht, man hat ja nie mehr eine Frisur, nur verfilztes Haar, oder zerquetschtes. Ich kann mich ja nirgends mehr sehen lassen.« So und so weiter.

Mich beschimpfen sie damit, weil ich wie ein Guru für die Wiederkehr des offenen Wagens gekämpft habe. Nun ist er da, und sie haben sich einen gekauft, und sie rufen mich an, oder sie schreiben mir. Das ist so, als würde der Löwe aus dem Zoo, den sie freigelassen haben, den Grzimek anrufen und greinen: »Das ist doch Schwachsinn. Jedes Mal, wenn ich einer Antilope ins Genick springen will, reißt sie aus.«

Genauso ist das. Da haben Sie die Antwort. Schämen Sie sich.

Ich habe gerade eben noch mal eine größere Runde gedreht mit dem Peugeot 504 TI Cabriolet. Über Wangen, Isny, Alpenstraße nach Immenstadt und Oberstaufen, zurück zum Bodensee, Lindau, Friedrichshafen, Meersburg, dann wieder heimwärts in die Berge, durch die frühlingsfrischen Wiesen, bis kurz vor meine Schreibmaschine.

Ich weiß gar nicht, was Sie haben. Es war wunderbar. Ich hörte sogar die dünnen Stimmchen der Osterlämmer, die steifbeinig über die Wiesen sprangen. Nein, ich hatte keinen Staub in den Augen und keine Krümel. Wenn ich offen fahre, mit was auch immer, lege ich vorne zwei Fußmatten rein, die man mühelos ausschütteln kann, wenn man Dreck reingeschleppt hat. Und das Ding mit den Alpentunneln – ein alter Hut. Vorher schließt man das Verdeck, wenn die Beifahrerin gar zu schick angezogen ist. Die meine

»SCHON IN DER ZWEITEN UND DRITTEN GENERATION WIRD LIMOUSINE GEFAHREN. DAS DEGENERIERT.«

ist immer so gewappnet, wenn wir über die Pässe schnüren, dass ihr der Tunnelregen nichts anhaben kann. »Gleich werden Erfrischungen gereicht.« Wir lachen dann immer. Obwohl es ein steinalter Witz ist. Mein Vater hat schon mit ihm gearbeitet, als ich noch nicht bis drei zählen konnte. Der fuhr fast immer offen, auch im Winter. Er ist über 80 Jahre alt geworden, und Rheuma hatte der nie. Die Frisur? Naja, dann dürfte man auch nicht Motorrad fahren. Unter dem Helm geht es nun mal anders zu als unter der Trockenhaube beim Coiffeur. Für offen fahrende Damen gibt es seit den zwanziger Jahren todschicke und praktische, für meine Begriffe auch betörend freche Frisuren, die wie geschaffen sind für die Leinen- oder Lederhaube und den Helm. Ohne Kopfbedeckung fährt man ohnehin nur dem Fotografen zuliebe offen,

hält die lange Blondmähne in den Wind, greift ständig beidarmig nach ihr (das strafft die Bluse) und ruft: »Huch.«

Dem Fotografen zuliebe sitzen ja auch langbeinige Mädchen halbnackt und barhäuptig auf Motorrädern, wobei sie sich im Ernstfall eine Lungen- und Nieren- und Sonstwas-Entzündung und Haarausfall holen würden. Wer beim Anblick solcher Bilder glaubt, so sei es, das Leben auf dem Motorrad, der ist natürlich enttäuscht, wenn es dann anders ist. Obwohl die Mühle so teuer war. Das Mädchen sieht dann nicht entfernt so sexy aus wie auf dem Bild, nein, man sieht kaum noch etwas von ihm. Aber er kann die Kleine doch hinterher in aller Ruhe betrachten. Dazu ist sie ja schließlich mitgekommen. Weil wir nicht mal mehr einer Antilope ins Genick springen können, wenn sie drei Mann halten, ist schon unser Schiebedach elektrifi ziert. Es geht per Knopfdruck auf oder zu. Nein, mir zieht es auch nicht in den Nacken. Das liegt nicht an jenen, die im Windkanal an der Cabriolet-Karosserie gearbeitet haben, sondern an meinem Schal. Und am hochgeschlagenen Kragen. Und an der Leinen- oder Lederhaube. Oder am Helm. Sie haben sich nicht verhört. Bei kühler Witterung bevorzuge ich den ohren- und nackenschützenden, vorne aber völlig offenen

Helm. Damit fahren Sie auch unter dem Regen durch und notfalls quer durch den Winter.
Die Argumente jener Nörgler sind also äußerst fußlahm. Nicht die Antilope ist schuld, sondern der Löwe. Er kann nur noch knurren und imposant dreinschauen. Aber man muss ihn füttern. Für die Jagd in freier Wildbahn benutzt er einen Turbo. Er lässt brüllen.
Kein Zweifel, dass ihn das Offenfahren schlaucht. In dieser Hinsicht vermag er mir überhaupt nicht zu folgen. Für ihn wurde ja auch rechtzeitig das Coupé erfunden. Darin kann er hinter dem Kamin sitzen und Sprüche klopfen. Das Coupé kam als Cabriolet-Ersatz auf, als die Männer zu frösteln begannen. Ersatz bleibt Ersatz. Was zählt, ist das Cabriolet. Heute zum Beispiel. Es ist nicht besonders warm, nicht sonnig, aber es riecht doch mächtig nach Frühling. Ich fuhr mit Lederjacke und Lederhaube. So schnell ich wollte – es zog nie. Natürlich waren die Seitenscheiben unten. Sogar die stören mich, obwohl sie keinen Rahmen haben. Ich saß im Freien, ohne zu frösteln. Es gibt auch hier kein schlechtes Wetter, sondern nur schlecht angezogene Leute.
Wer Anfang April Cabrio fährt, als säße er an der Strand-Promenade bei Kaffee und Kuchen, der macht's nun mal falsch. Irgendeinen Hauch von Kofferraum haben auch Zweisitzer. Und da hinein gehört die richtige Kleidung für jede Art von Wetter. Oder für die Passstraße mit den vielen Tunnels, die das Wasser nicht halten können.

»EIN CABRIOLET IST, WENN MAN SICH DAS SPIEL NICHT IM FERNSEHEN ANSCHAUT, SONDERN IM STADION.«

In diesem Peugeot 2/2-Sitzer ist der Kofferraum sogar limousinengroß. Welch ein Luxus gegenüber früher. Und das Verdeck bedient sich, als ginge es nur darum, den Deckel einer Keksdose zu schließen. Wenn es geschlossen ist, merkt man, wie schlimm es sich in Limousinen fährt. Man möchte den Kopf einziehen. Wenn es offen ist, ist es gar nicht mehr da. Voll versenkt ruht es innerhalb des Wagenkörpers.
Das Ding ist knallrot. Bilde ich es mir ein, oder bleiben die Leute wirklich stehen, drehen sich um. Manche bestimmt. Mag sein, dass sie denken, der spinnt wohl. Denn es sieht so aus, als würde es jeden Augenblick zu regnen anfangen. Aber da waren auch welche, die dachten bestimmt, guck mal, so was gibt's noch, schön, ja, man müsste eigentlich ...
Einer fragte mich, ob es denn einen solchen Wagen noch zu kaufen gäbe. Das ärgert mich jedes Mal. Die Menschheit hat den offenen Wagen schon abgeschrieben. Aus dem Laden raus können sie den kaufen, aber sie sehen das Cabrio

vor lauter Schachteln nicht. Sie wissen ja auch nicht, dass man noch immer auf einer Wiese sitzen und die Beine in den Bach hängen kann. Statt dessen sitzen sie im Speisesaal und gucken durch die Doppelverglasung auf die Berge.

Ein Cabriolet ist, wenn man sich das Spiel nicht im Fernsehen anschaut, sondern im Stadion. Vor einigen Tagen war ich mit meinem offenen Tourer unterwegs. Ganz offen, mit hintendrauf liegendem Allwetter-Verdeck. Und ohne Seitenscheiben. Es war ein sonniger, milder Tag. Ich saß wie in einer Badewanne mittendrin im Frühlingserwachen. Ich weiß nicht, ob Sie das Glücksgefühl kennen. Es ist so alt wie das Automobil. Man hört die Reifen abrollen, mal summend, mal singend, man hört den Auspuff blubbern, den Fahrtwind säuseln, man riecht und schmeckt und hört alles, und man reist. Es kommt einem gar vor, als wandere man durch die Gegend.

Es mag 1000 Vorbehalte gegen den offenen Wagen geben. Den Einwand vom Verdeckaufschlitzen höre ich fast täglich. Als wäre es mühsamer, bei der Limousine eine Scheibe einzuschlagen. Welch ein Geschwätz. Es gibt überhaupt nur einen Einwand, den man gelten lassen kann. Der betrifft den Preis.

Im Gegensatz zu früher sind offene Wagen heute, gemessen an Limousinen, recht teuer. Und doch – es geht. Man bekommt für die 32 400 Mark, die dieser Peugeot kostet, zwar eine etwas größere Limousine, aber muss es denn fürs gleiche Geld eine etwas größere Limousine sein? Diese Relation gilt auch 10 000 Mark weiter unten. Und bald vielleicht noch ein wenig weiter unten.

Es pendelt sich wieder ein, und auch der hat nicht unrecht, der mir gestern am Telefon sagte: Ich nehme mein Limousinengeld und kaufe mir dafür ein gebrauchtes Cabriolet. Das Ei des Columbus. Man muss nur wollen.

Jetzt hat sie es geschafft, die Sonne, jetzt bricht sie durch. Ich werde die Sportmütze nehmen und den Schal, und die Lederhandschuhe. Und noch eine Runde drehen, als wandere man durch die Gegend.

Die Wolken sind dünner und heller geworden, hinter den schon grün schimmernden Wiesen liegt die Alpenkette wie ein silberblaues Band.

Unten am Bodensee kann man vielleicht schon im Freien Kaffee trinken. Über der Schweiz ist der Himmel stahlblau geworden. Würde ich jetzt losfahren, wenn vor der Tür nur eine Limousine stünde, und nichts als eine Limousine? Ich werde die Antilopen jagen, und niemand braucht sie festzuhalten.

RV-H